백두산

글/심혜숙 ● 사진/안승일

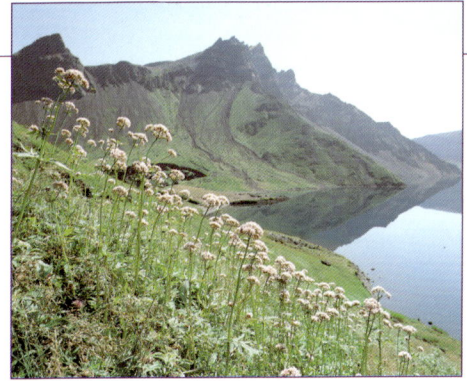

대원사

심혜숙 ————————————
1957년 중국 연변대학 지리학과
를 졸업하고 중산대학에서 연수
받았고 연변대학 지리학부 교수
로 있다. 저서로는 『長白山地理論
文集』『白頭山과 延邊 朝鮮族 自
治州』『中國 地理』『豆滿江下流
自然 資源과 利用』『中國 朝鮮族
聚落地名과 人口分布』 등이 있고
40여 편의 논문이 국내외에서 발
표되었다.

안승일 ————————————
1946년 서울에서 태어나서 서라
벌예술대 사진학과를 중퇴했다.
1969년과 1975년 두 차례에 걸쳐
'산악사진전'을 가졌고, 1995년
일본의 이와하시와 함께 '백두산
2인전'을 열었다. 1977년부터 '그
린스튜디오'를 운영하고 있다. 한
국산악사진가회 회원이며 사진집
으로는 「산」(1982년) 「삼각산」
(1990년) 「한라산」(1993년) 「백두
산」(1996) 「굴피집」(1997) 등이
있다.

* 글 부분에서 연변대학의 유충걸
교수님께서 많은 도움을 주셨습
니다. 또한 '책 머리에'와 '개론'
의 글은 한국 쪽 자료의 보완을
위하여 저자의 요청으로 편집자
의 많은 교열을 거쳤습니다.

백두산

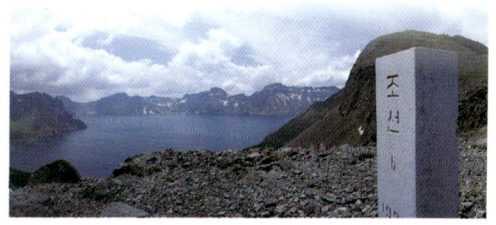

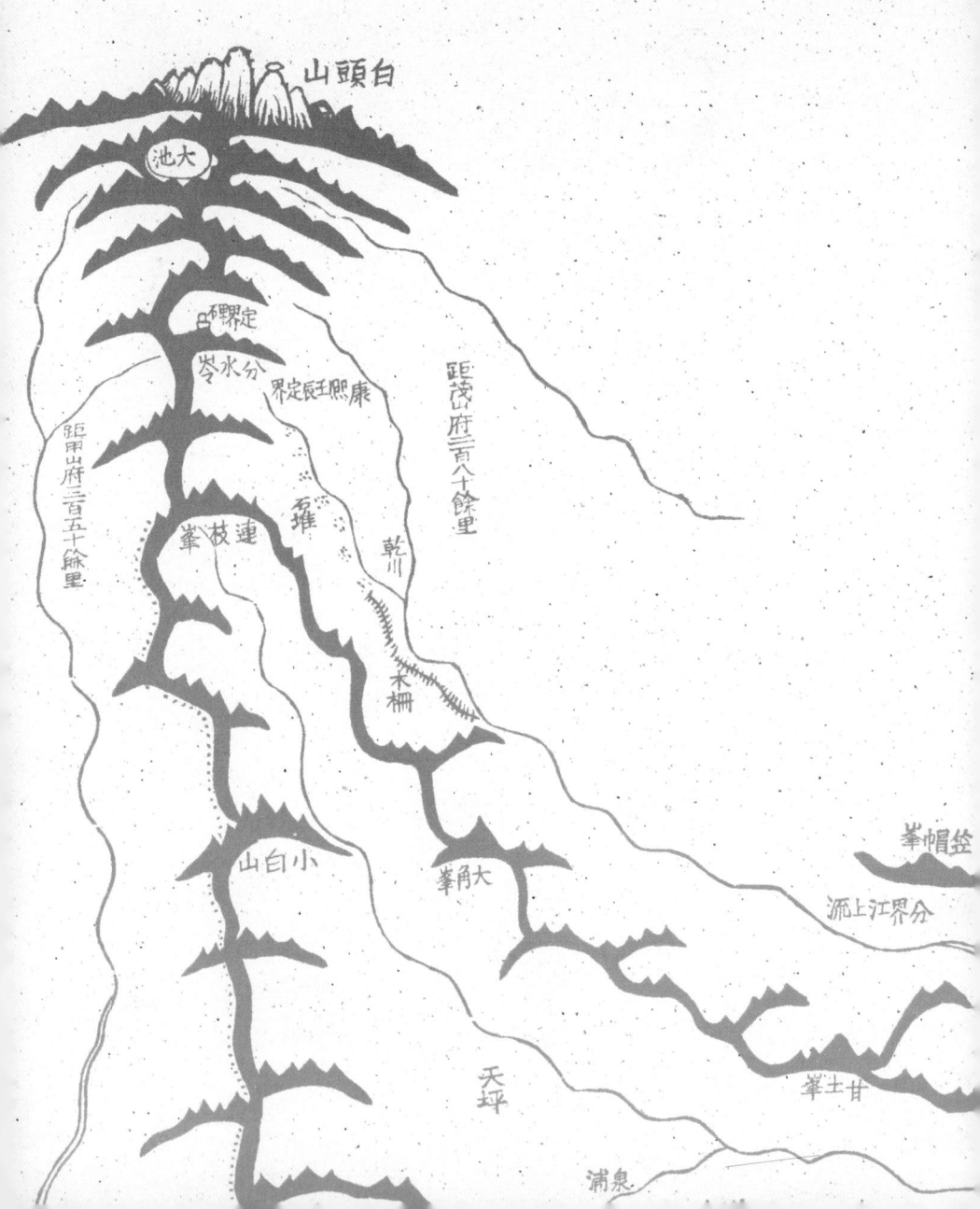

백두산

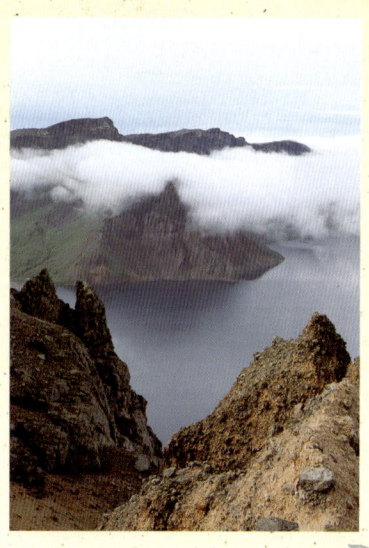

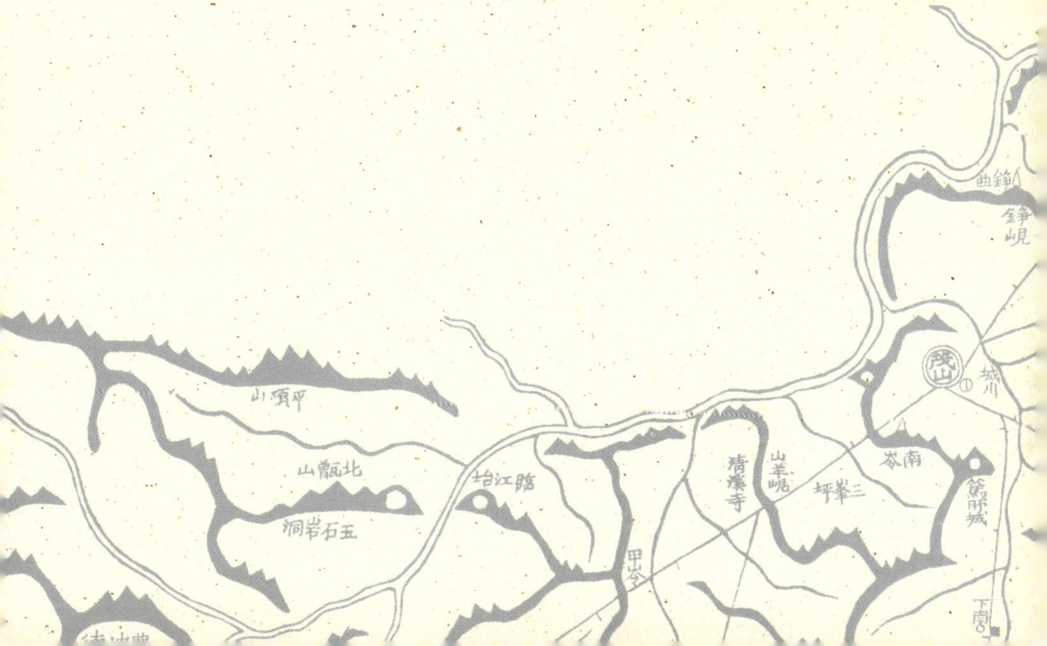

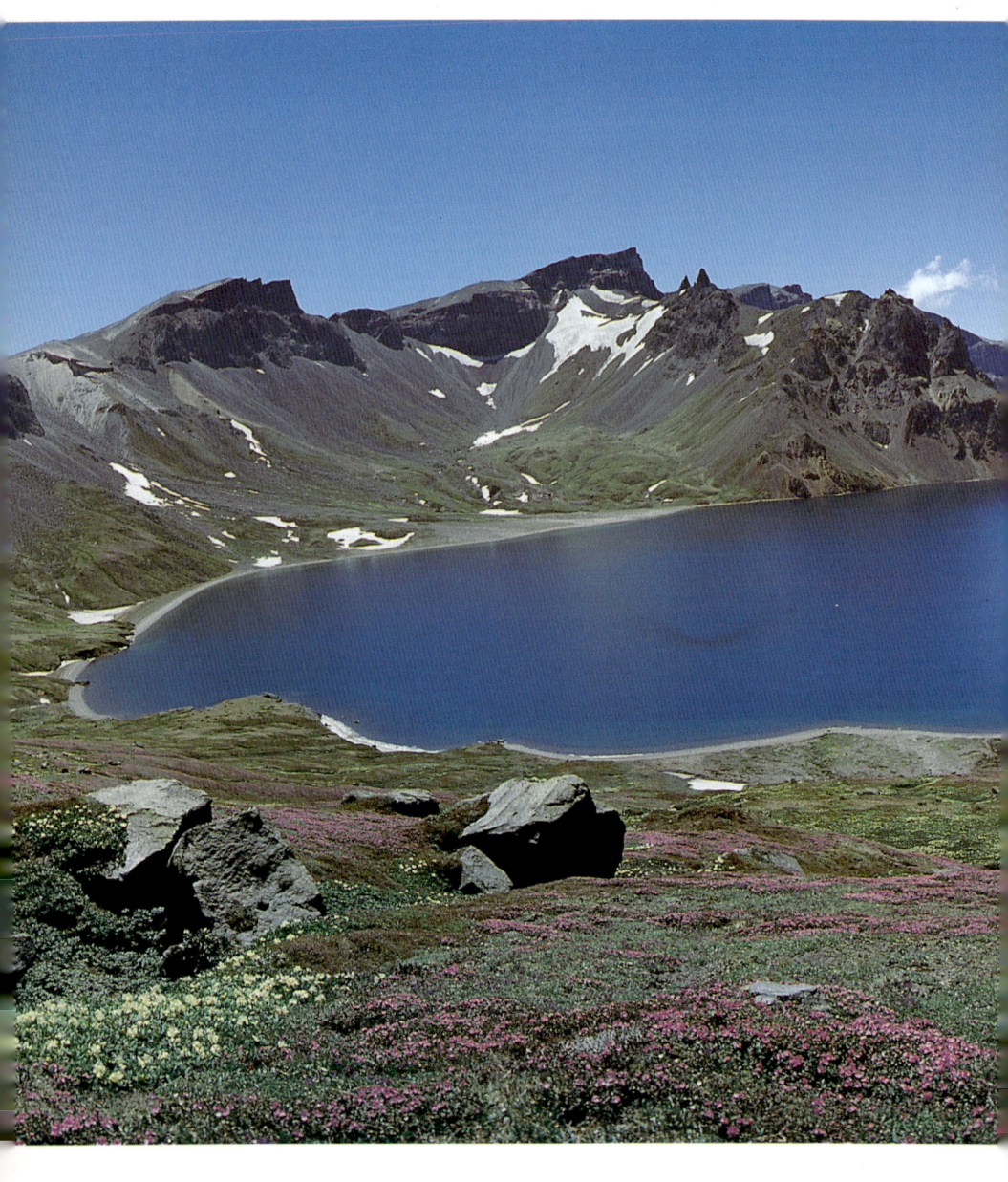

북녘 땅의 백두산을 기억하는 사람이 점점 줄어 가고 있다. 이대로라면 정말 잊혀지는 것이 아닐까, 이대로 가슴에만 묻혀지고 마는 것이 아닐까 하는 걱정을 앞세워 좀더 적극적으로 백두산을 알아야 하고 알려야 하는 것이 마땅하리라 생각한다.

특히 몇 해 전부터 일제에 의해 왜곡되었던 백두대간(白頭大幹)이 새로이 부각되면서 일본 사람이 만들어 놓은 산맥 개념이 아닌 우리 조상들의 지리 개념이었던 산경표(山經表)의 정맥 개념이 인정을 받아 이미 정착되어 가고 있다. 옛날의 지도를 보더라도 백두산은 '조선 산줄기의 근원'이라는 표현이 실감난다. 한반도를 대륙과 연결하는 유일한 지점인 백두산과 그 뿌리에서 가지쳐 내려온 한반도의 기운이 우리의 역사 안에서 함께 하고 있는 것이다.

이 책에서는 백두산의 형성과 역사 그리고 생태계를 사실적 자료를 바탕으로 전개해 나갈 것이다. 이 자료들은 우리 민족의 성산(聖山)인 백두산을 단순히 감정적인 경의(敬意)가 아니라 구체적이고 객관적인 자료를 바탕으로 우리의 관심을 조금이나마 달래줄 수 있을 것이다.

무송현에서 바라본 일출 무송현에서 백두산 가는 길은 사람들에게 아직 잘 알려지지 않은 등산로이다. 무송현에서 바라본 일출이 장관을 이루었다. (옆면)

백두산의 서쪽 비탈과 삼림 한계선의 늦가을 전경 멀리서 보면 산세가 밋밋하지만 고도 차가 2,170여 미터나 되기에 온대, 한대의 모든 경관들이 규칙적으로 분포되어 있다. (뒷면)

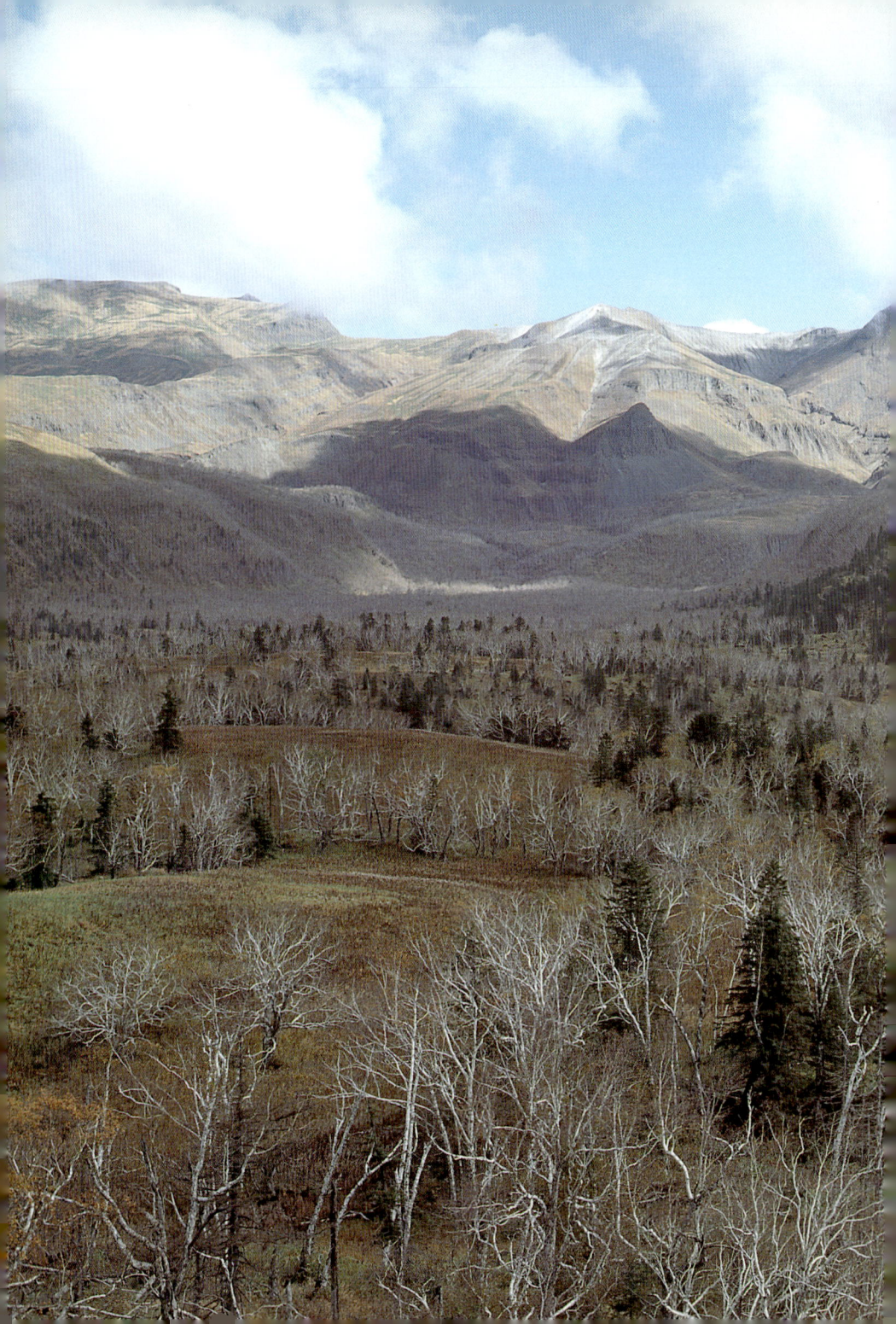

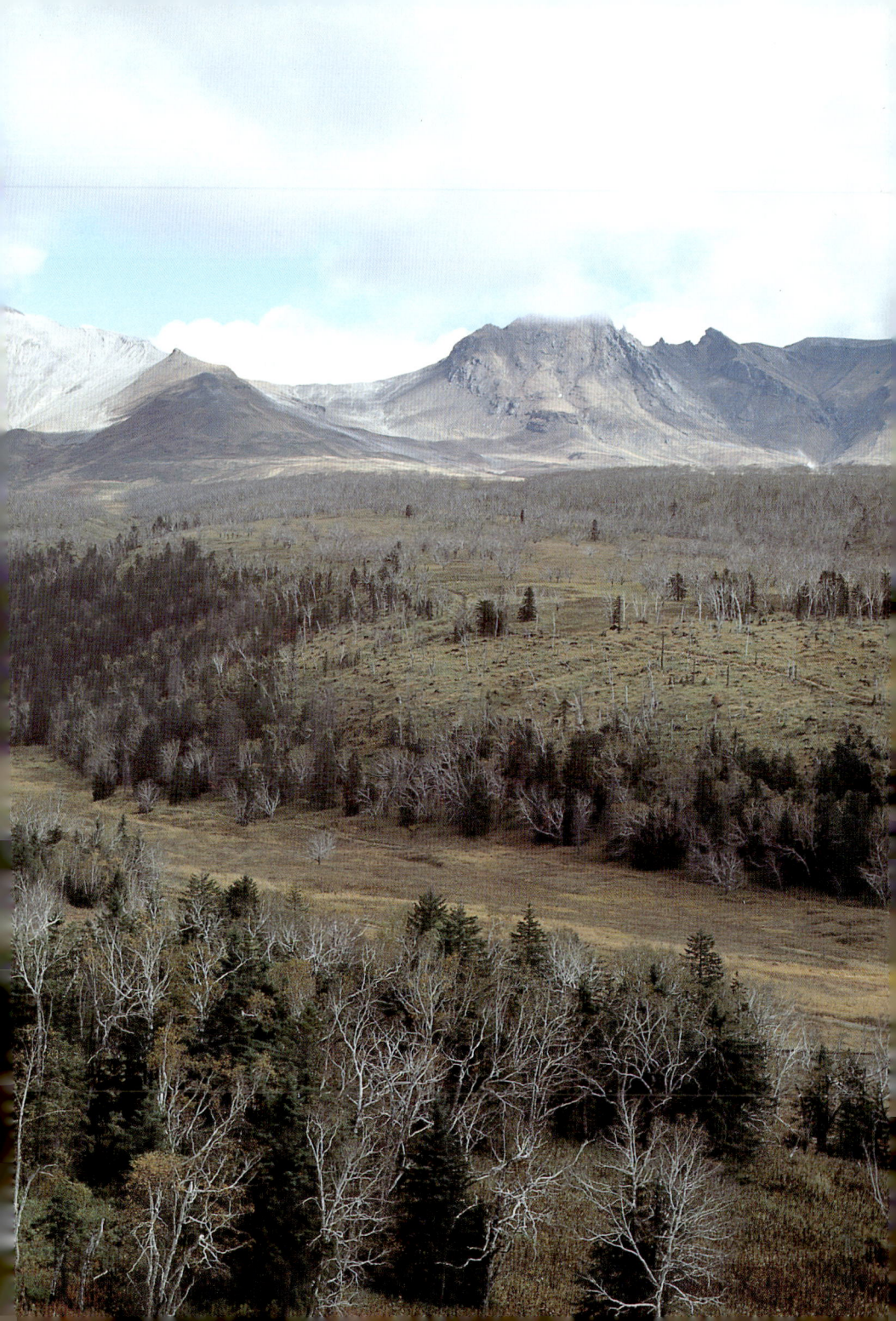

개론

　우리 민족의 성산 백두산은 일찍이 한민족의 발상지로 또 개국의 터전으로 숭배되어 왔다. 그리고 단군신화를 비롯하여 길고 긴 역사의 주요 무대로 등장하였다. 많은 사람들이 백두산을 민족의 '조종산(祖宗山)'이라 일컫고 민족 정신의 근원으로 상징되어 왔다. 이는 백두산의 신비하고도 장엄한 산세의 위엄과 기상이 우리 민족 정신에 깊숙이 자리하고 있음을

자암봉 기슭의 조·중 6호 경계비 1962년
중국과 북한이 천지를 중심으로 새로운 국경
조약을 맺었고 1990년에 경계비가 세워졌다.

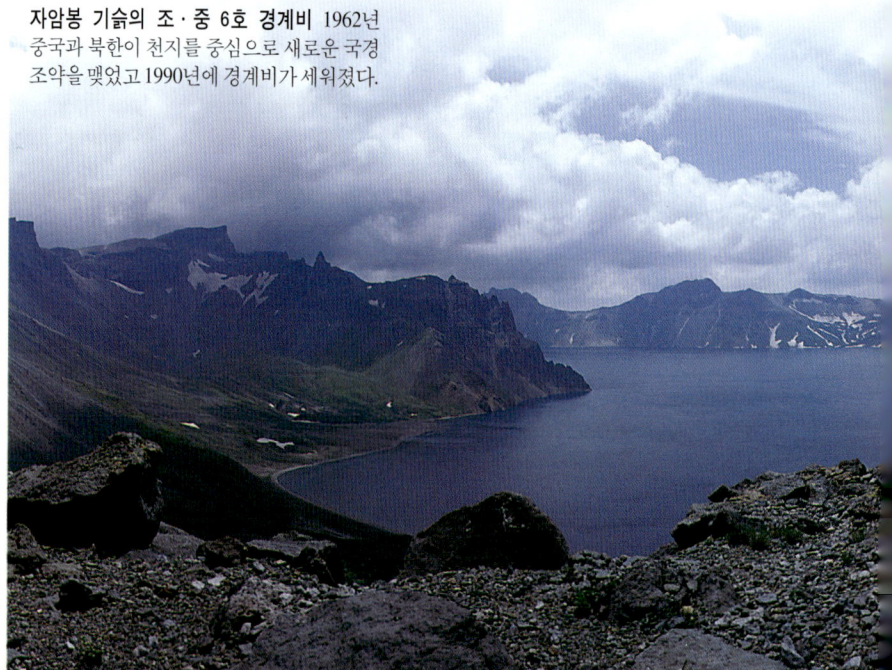

감지하고 있기 때문일 것이다.

단군 왕검 이후 만주 벌판은 우리 민족의 주요 활동 무대였다. 고구려의 찬란한 문화 창조와 기상이 아직도 수많은 전설과 설화를 통해 우리의 민족정신에 면면히 전해지고 있다.

발해가 망하면서 만주는 우리와 멀어지게 되었고 백두산과 압록강, 두만강이 국방의 제일선이 되었다. 다시 조선이 건국되고 4군과 6진을 개척하여 우리의 생활 영역을 넓혔지만 만주까지 우리의 행정 구역으로 편입하지는 못했다. 17세기 초 이곳에 살고 있던 만주족이 청나라를 세우면서 백두산을 둘러싸고 두 나라는 첨예하게 대립하게 되었다.

그 대립의 결과로 1712년 조선과 청나라 사이에 모호했던 국경선을 정하기 위해 백두산 동남쪽 4킬로미터 지점에 '서쪽은 압록이 되고 동쪽은 토문이 되므로 분수령 위의 돌에 새겨 기록한다' 라는 백두산정계비를 세웠고 이후 1962년 북한과 중국이 협상하여 천지를 중심으로 백두산 지역의 국경선을 정했다.

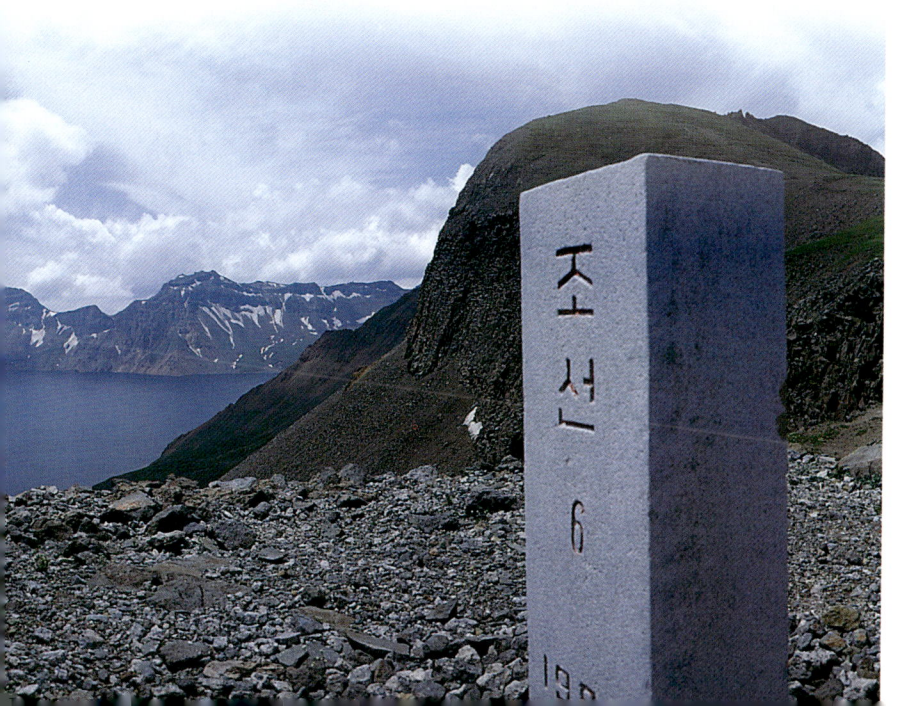

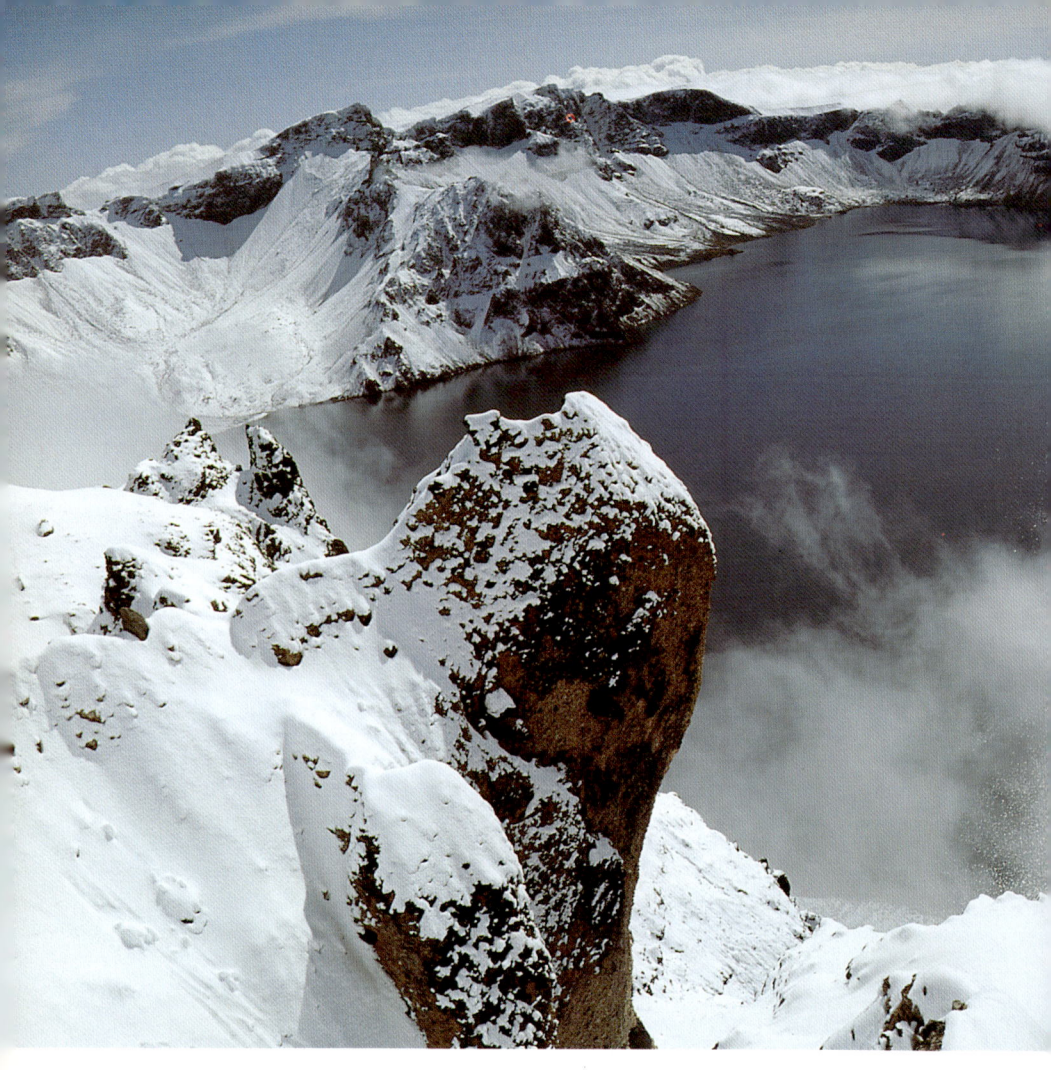

　　근대에 들어와 백두산은 의병과 독립군, 항일 전사들에게 민족 해방 투쟁의 장을 마련해 줌과 동시에 그들에게 민족 해방의 희망을 심어 주었다. 백두 밀림과 만주 벌판은 일제 침략자들과 맞서 싸우는 격전장이었다. 1920년대와 1930년대 후반기에 이르러 항일 전사들은 백두산 지역에 진출하여 거침없이 활동했고 그 일로 백두산은 식민지 민중들에게 희망의 별이 되기도 했다.

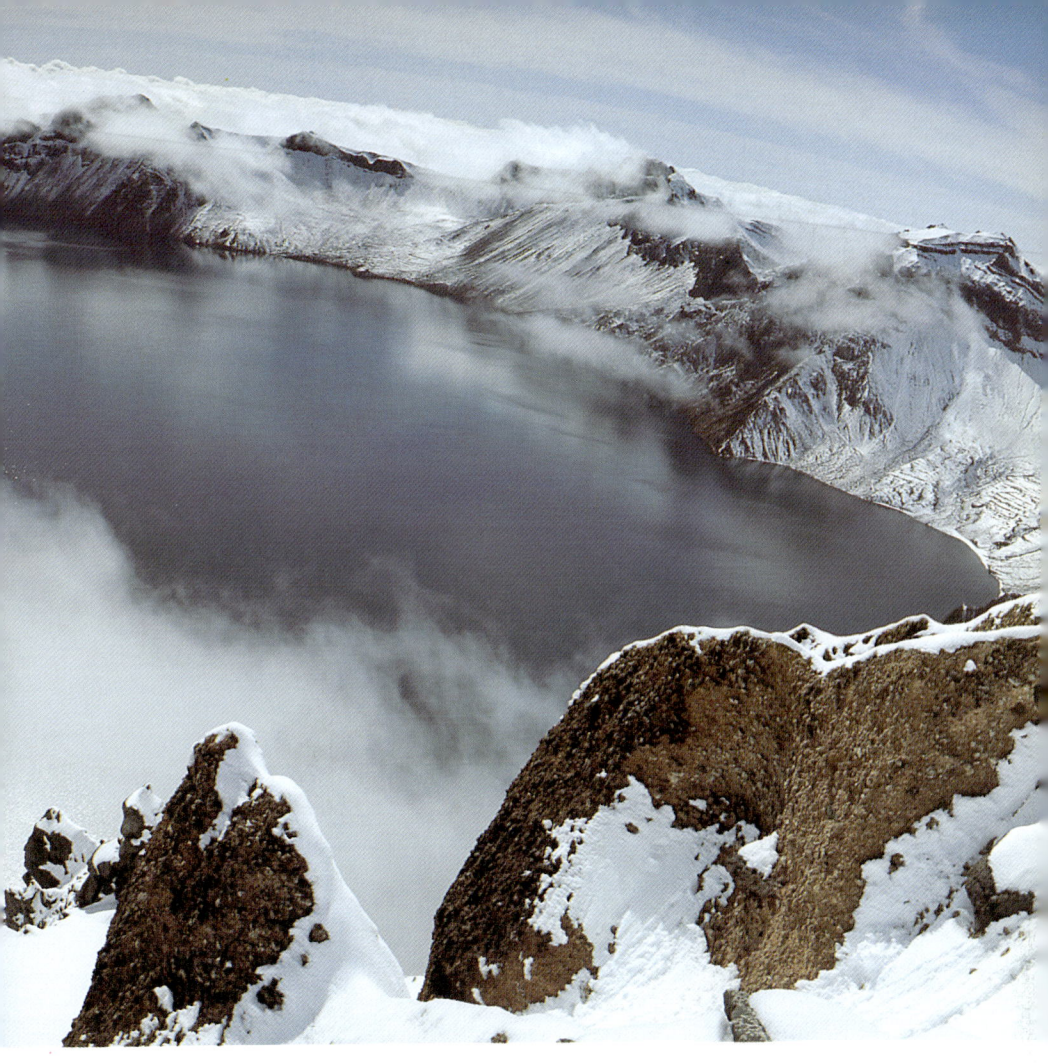

천문봉에서 바라본 천지 백두산은 우리나라에서 가장 춥고 변덕스러우며 복잡한 기후 현상이 나타나기 때문에 열흘에 한 번 정도 천지의 맑은 모습을 볼 수 있다.

　이렇게 백두산은 민족의 역사와 더불어 수난을 같이한 흔적이 곳곳에 남아 있고, 천지를 비롯한 절경이 많은 데다가 사계절을 모두 볼 수 있는 독특한 생태 환경과 풍부한 삼림자원이 있어 세계적인 관광의 명소로서도 새로이 주목을 받고 있다.

백두산의 이름

백두산이 중국 역사서에 등장한 것은 지금으로부터 2천여 년 전이다. 중국 쪽 문헌에 따르면 백두산은 불함산(不咸山), 개마대산(蓋馬大山), 태산(太山), 도태산(徒太山), 태백산(太白山), 장백산(長白山) 등으로 불리웠고 우리나라 문헌에서는 태백산, 장백산, 백두산으로 불리고 있다.

중국의 옛 지리서 『산해경(山海經)』에서는 "숙신은 읍루라고 하는데 불함산의 북쪽에 있다"라고 했고 또 "넓은 황야 가운데 산이 있으니 불함이라 이름한다. 이는 숙신의 땅에 속한다"는 기록도 있다. 불함산이라는 말의 어원과 관련하여 어떤 학자들은 '불함'은 몽고어의 '불이간(不爾干)'의 음역으로 그 뜻은 '신무(神巫)' 곧 신이 있는 산이라고 풀이하기도 한다. 또 숙신족의 언어나 동이어(東夷語)와 관련되는 것으로, 만주어에서 "백라가현건(伯羅哥 顯乾)"을 음역할 때 첫자인 伯(부)와 顯(쉔)을 떼어 '不咸(부쉔)'이라고 했는데 그 뜻은 '장백(長白)'이라는 것이다.

이후 한·위나라 때에는 개마대산이라고 불렀던 것을 알 수 있는데 『후한서(後漢書)』에 보면 "동옥저는 고구려 개마대산 동쪽에 있다. 동쪽으로 큰 바다와 접해 있다"고 하였고 『삼국지(三國志)』「위지동이전」에도 같은 내용이 있다.

따라서 고구려와 개마대산은 서로 연결된 것으로 모두 동옥저의 서쪽에 있음을 알 수 있다. 후한대에서 삼국시대까지 고구려는 지금의 집안현을 중심으로 남쪽으로 조선의 청천강까지 영토를 확보하고 있었다. 동옥저는 지금의 두만강 유역부터 조선의 북쪽을 경계로 삼은 동북—서남 주향을 가진 좁고 긴 지대를 차지하고 있었다. 다시 말하면 서남부는 고구려와 닿아 있었고 서부는 지금의 백두산 영역이 되는 셈이다. 이런 관점에서 보면 개마대산의 위치가 바로 백두산이기 때문에 당시 백두산을 개마대산이라고 부른 것이다.

개마라는 이름의 어원은 여진족의 언어에서 온 것으로 '장백(長白)'이라는 뜻이고 대산은 '큰 산'이라는 뜻이기 때문에 결국 장백산(長白山)이라는 이름과 같다.

중국 남북조 시기의 기록인 『위서(魏書)』 「물길전(勿吉傳)」에서는 "나라의 남쪽에 사태산이 있는데 중국 말로 태황이라 한다(勿吉 國南有徙太山 魏言太皇)"라고 했다. 그러나 『북사(北史)』 주(奏) 94 「물길전」에서는 "나라의 남쪽에 종태산이 있는데 중국 말로는 태황이다(國南有從太山者 華言太皇)"라고 했고, 『신당서(新唐書)』 「북질전(北秩傳)」, 『수서(隋書)』 「말갈전(靺鞨傳)」에서는 '도태산(徒太山)'이라고 했다.

이들 세 문헌에 제시된 '사(徙)' '종(從)' '도(徒)' 자에 대하여는 많은 논란이 있다. 원래 '도(徒)' 자인데 잘못 써서 '종(從)' 자로 되었다 하기도 하고, 어떤 사람은 원래는 '종(從)' 자인데 뒷날 잘못 써서 '사(徙)' 자로 되었다고도 한다.

『북사(北史)』에서도 "말갈족 남쪽에 종태산이 있는데 중국말로 태황이라 한다(國有從太山 華言太皇)"라는 기록이 있는데 '황(皇)'은 희다는 뜻이라 하여 여기에서는 태산이라 불렀고 『신당서』에서는 "속말부는 태백산 남쪽 아래에 있는데 태백산은 또한 도태산이라고 하며 고려에 접하여 있다(粟末部居最南抵太白山 亦曰徒太山 與高麗接)"고 하여 백두산을 태백

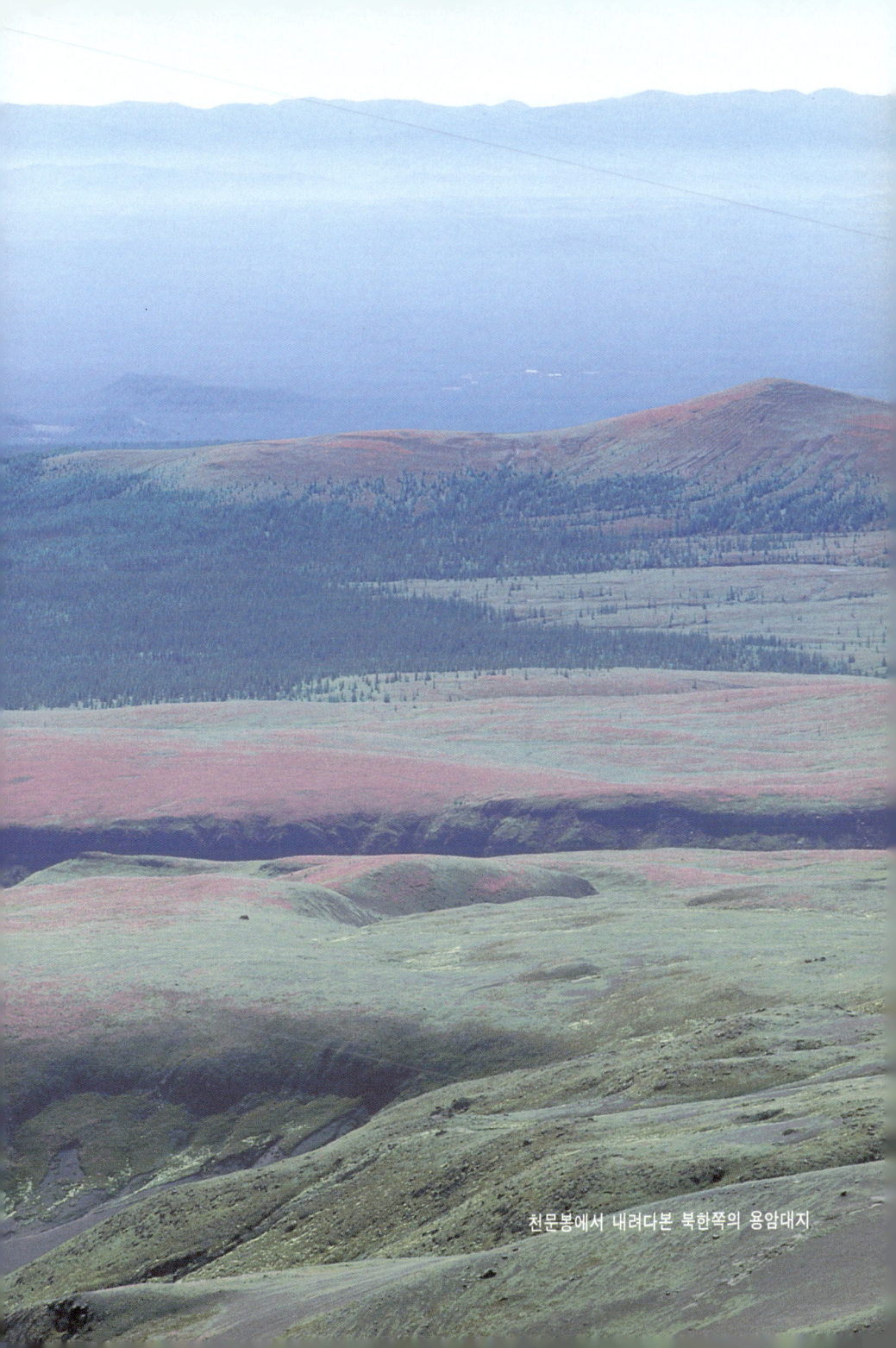

천문봉에서 내려다본 북한쪽의 용암대지

산이라고 불렀던 것을 알 수 있다. 『길림산천장백조(吉林山川長白條)』에서는 "옛날 불함산은 지금의 태백산이나 백산을 말한다(古名不咸山 亦名太白山 亦名白山)"고 하였다.

중국에서 쓰는 '장백산'이라는 이름은 요(遼), 금(金) 시기부터 보편적으로 사용된 것으로 보인다. 『요사』「백관지(百官志)」 성종 통화 30년(1012)조에 "장백산삼십부여직(長白山三十部女直)"이라 했고, 『거란(契丹)』「국지(國志)」 권 27에서는 "장백산재냉산동남천리(長白山在冷山東南千里)"라고 했는데 여기에서는 백두산을 모두 장백산이라고 불렀다.

금나라 때 여진족이 흥성함에 따라 장백산이라 불리운 백두산의 이름은 더욱 높아졌다. 『전사(全史)』권 35에서는 "장백산은 나라가 잘 될 만한 땅이어서 예를 다해 작위를 주어 받들며 묘를 세운다(長白山在興王之地 禮合尊崇議封爵 建廟宇)"라고 했고 태종 12년(1172)에는 '여국영응왕(與國靈應王)'으로 봉하기까지 하였다.

원나라, 청나라 때도 장백산이라는 이름은 변하지 않았다. 그러나 일부 역사책에 '백산(白山)', '태말산(太末山)', '백산박자(白山泊子)', '백산파자(白山派子)', '노백산(老白山)', '수백산(水白山)'이라고 씌어 있기는 하나 사용되지 않았다. 장백산이란 이름은 중국에서는 970여 년 전부터 시작하여 지금에 이르기까지 줄곧 불리고 있다.

『증보문헌비고(增補文獻備考)』에는 "세종(1419~1452년)이 역관 윤사웅, 최천구, 이무림을 나누어 보내 강화도 마니산에 이르기까지 북극 고도를 재게 하였다. 갑산 백두산, 유주 한라산이라고 하였다고 북재 관상감일기에 기록되어 있는데 그 측량한 고도에 대해서는 전하지 않는다(分遣歷官 尹士雄 崔天衢 李茂林 測北極高度于江華壽摩尼山 甲山府白頭山 洧州漢拏山 北載觀象監日記 而其所測極高度數則不傳)"라고 하였다.

『용비어천가(龍飛御天歌)』에서도 "장백산은 백두산을 말하는데 산은 세 개의 층으로 되었고 그 봉우리에 큰 못이 있다. 남쪽으로는 압록강이 흐르고 북쪽으로 소하강이 흐르고 동쪽으로 두만강이 흐른다(長白山 名白頭山 山凡三層 其頂有大澤 南流爲鴨綠江 北流爲蘇下江 東流爲豆漫江)"고 기재되었고 『신증동국여지승람(新增東國輿地勝覽)』에서는 "백두산은 곧 장백산이다(白頭山 卽 長白山也)"라고 하였다.

여러 역사적 기록을 통해 조선에서는 백두산으로, 중국에서는 장백산으로 불리운 것을 알 수 있다. 결국 산이름은 여러 차례 변화가 있었지만 기후가 한랭하기 때문에 쌓이게 된 눈의 색깔에 의하여 이름을 지었던 것이 확인된다.

그러나 이들 기록에서는 산과 산맥에 대한 개념이 명확하지 않다. 지금 중국과 북한에서 출판된 지도에서 이름한 지명은 화산체를 백두산이라 하고, 중국 지도에서는 백두산 동남과 서북의 산맥을 장백산맥이라 부르며 고원을 장백고원이라고 부른다.

최근 북한 지리학계는 한반도의 산맥 체계를 전면 개편하였다. 백두산에서 남해안 구재봉까지 1천4백 70킬로미터(3천 6백 70리)를 '백두 대산줄기'라고 이름 붙여 한반도의 주된 산줄기로 규정하였다.

제운봉에서 바라본 장군봉과 천문봉의 아침 백두산의 이름은 산정에 회백색의 부석이 깔려 있고 기후가 한랭하여 1년 내내 쌓인 눈의 색깔에 의하여 지어진 것으로 확인된다.

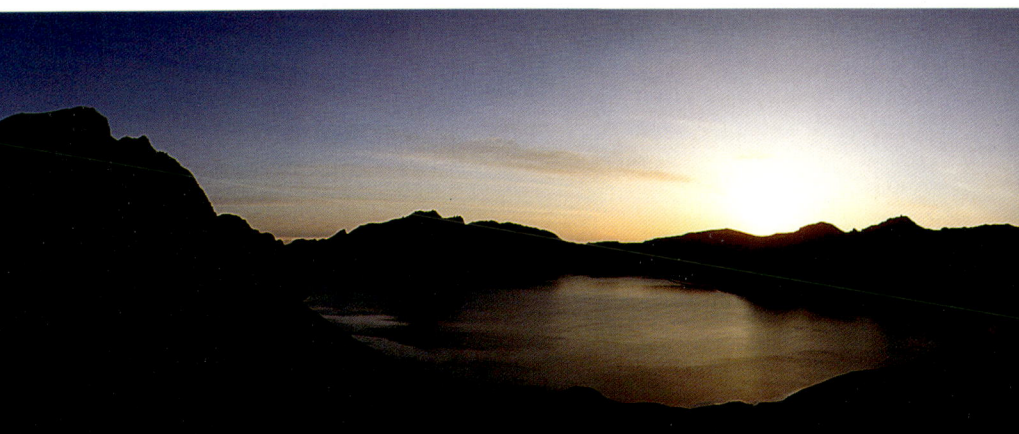

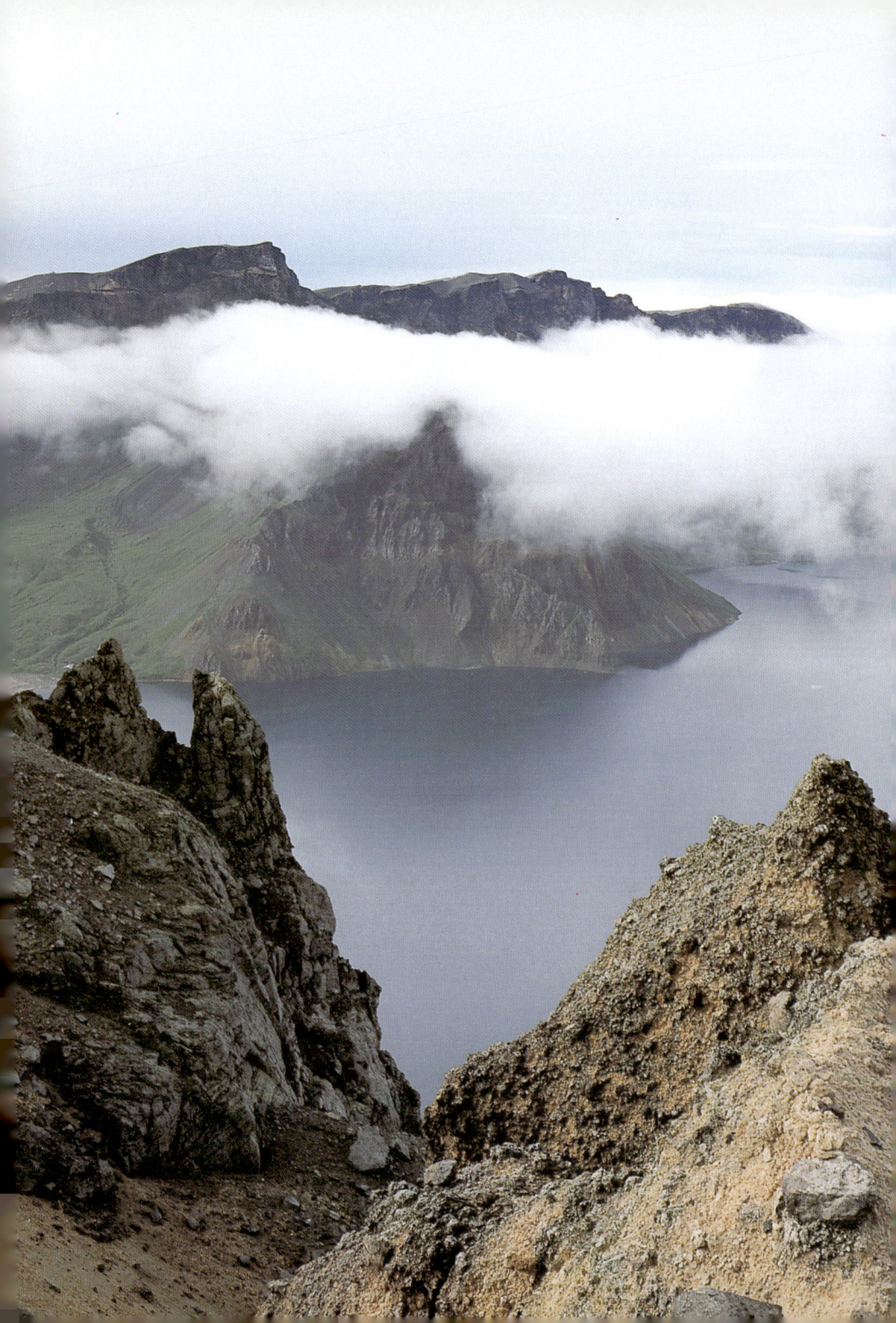

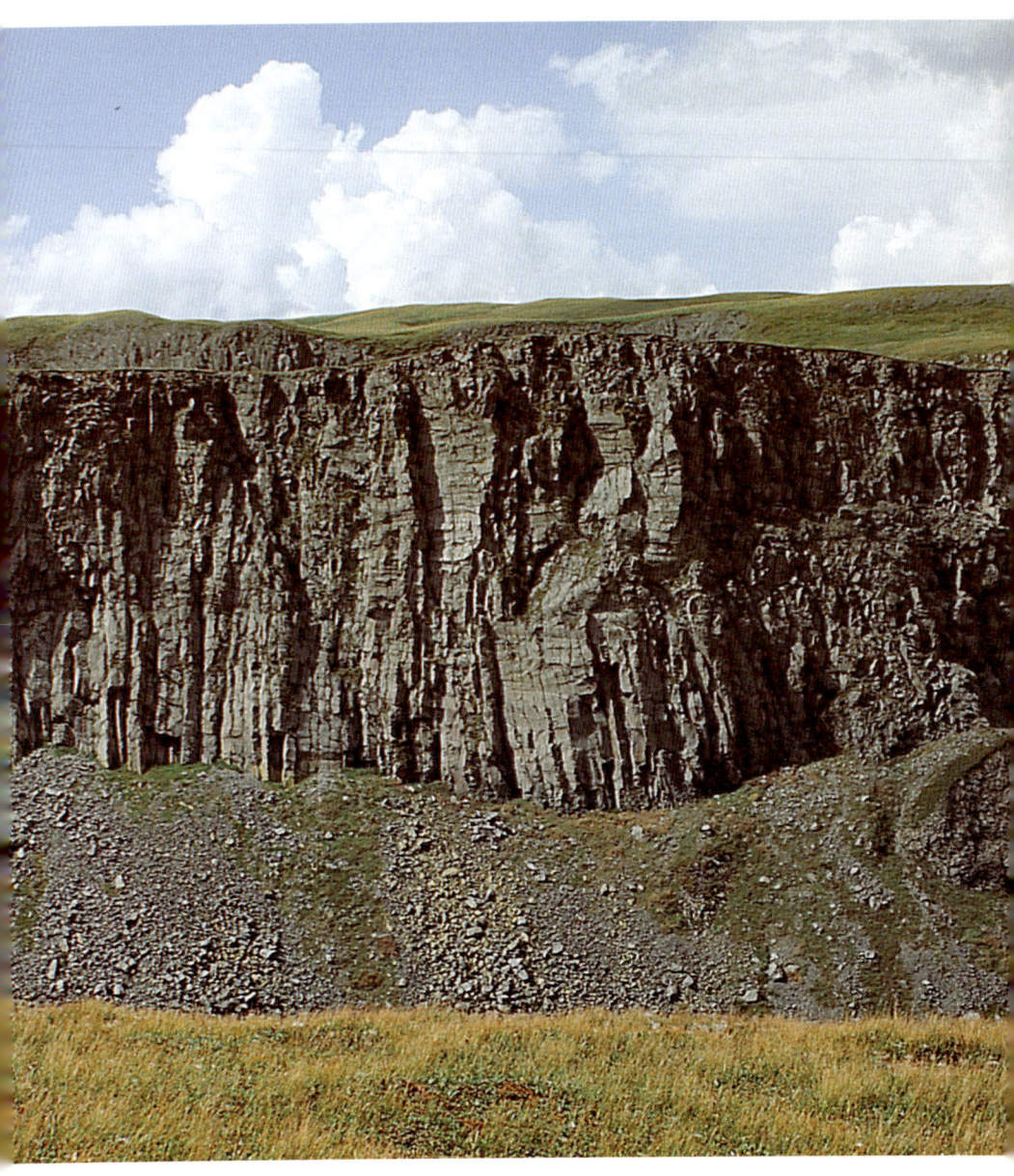

백두산 옥벽 백두산 지층이 주상절리를 따라 풍화되어 이루어진 절벽의 모습이다.

지형

백두산 지역의 지형은 백두산 주봉을 중심으로 주위가 점차적으로 낮아지는 것이 특징이다. 이 지형은 형성 원인과 형태적 특징에 따라 화산 지형, 하곡 지형, 빙하와 주빙하 지형 등으로 구분한다.

화산 지형

형태적 특징에 따라 백두산 화산추체, 산록경사용암고원, 용암대지로 나눈다.

거형화산추체　백두산 지역에서 가장 높은 지형 단원으로 해발 고도가 1,700부터 2,749미터에 달하고 상대 고도차가 1,000여 미터나 된다. 먼 곳에서 바라보면 원추 모양으로 나타난다. 화산추체의 아래 부분 평면은 타원형을 이루고 있다. 긴 축은 북서-남동 방향으로 연장되었는데 길이가 27킬로미터이고 짧은 축은 약 15킬로미터이다. 산기슭의 물매도 5 내지 10도이지만 산비탈에 올라갈수록 경사가 급하여 15도 안팎이고 산등성이에 이르면 경사가 30도 이상 된다. 화산추 안에는 작은 기생화산체들이 줄지어 분포되었다.

화산추체는 크게 2개의 지형 단원으로 나누는데 화산추체의 꼭대기가 함락된 화구호를 '칼데라호'라고 한다. 화구호의 주위는 뭇봉우리들에 의하여 둘러싸여 있는데 이것을 외륜산 또는 외연산이라고 한다. 산마루의 해발 고도는 2,300미터 이상이고 그 가운데 2,500미터 이상 되는 산봉이 20여 개가 된다. 산봉과 천지 수면의 상대 고도 차이는 300여 미터인데 호수 방향의 경사가 대단히 급하고 대부분은 절벽과 벼랑으로 되었다.

산록경사용암고원　백두산 화산추체의 주위에는 경사용암고원이 분포되었는데 해발 고도는 1,100에서 1,700미터 사이이고 경사는 2도에서 5도이다. 고리의 평균 너비는 20킬로미터이고 고리의 바깥 지름은 평균 60

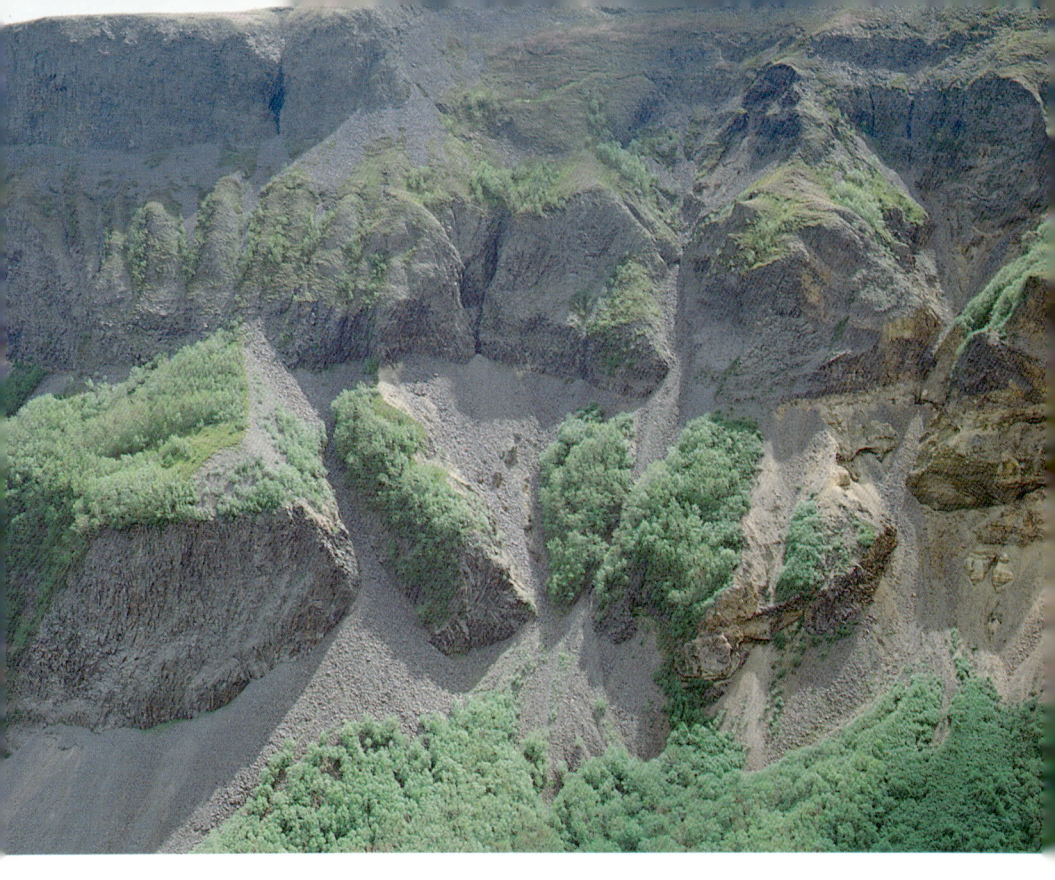

백두산의 용암 단구 백두산의 용암 단구에서 자라는 수림의 모습이다. 처음에 흐른 용암은 밑에 있는 낮은 부분이고 후대에 흐른 용암은 수량이 적어 그 위에 퇴적되어 계단상을 이루었다.

킬로미터이다.

경사 용암대지의 형성 과정을 보면 분화구에서 나온 용암이 처음에는 아래까지 내리 흘렀지만 점차 용암 분출량이 적어짐에 따라 용암은 아래까지 내려가지 못하고 중간에서 식으면서 굳어 계단상을 이룬다. 이런 과정이 반복적으로 진행되는 데서 용암 분출구의 암층이 두껍고 아래로 내려가면서 몇 개의 계단상을 이루는 경사 용암대지를 형성하게 되었다.

용암대지 용암대지는 경사용암고원의 주변에 분포되었다. 해발 고도는 600에서 1,100미터 사이이고 경사도는 10도 안팎이기에 마치 평원처럼 완만하다. 분포 면적은 화산구의 70퍼센트를 차지한다.

용암대지의 형태는 원용암 지면의 차이와 부동한 하류의 침식 작용에 의하여 궁상, 탁상, 미경사 등 세 가지 형태가 있다. 궁상 용암대지는 주로 서쪽과 북쪽에 분포되었는데 넓고 옅은 곡지와 완만한 분수령이 서로 병렬되어 분포된 점이 특징이다.

미경사 용암대지는 대지면의 경사가 아주 완만한데 주로 화산구의 주변부에 있다. 전형적으로 분포된 곳은 이도백하 주위이다. 탁상 용암대지는 주로 백두산 남쪽 비탈인 13도구, 15도구 주위에 있다. 이곳은 유수의 침식에 의하여 남북향 협곡이 형성되어 대지면을 긴 탁상형으로 만들었다. 골짜기의 깊이는 200에서 300미터이고 깊은 곳은 500미터에 달한다.

용암대지 면에는 작은 화산체들이 모여 화산군을 이루었는데 주로 서북부에 있다. 작은 화산체의 상대 고도는 몇십 미터부터 몇백 미터 사이이고 일정한 방향을 따라 배열되었다.

기생화산 화산체의 용암대지에 작은 규모의 새로운 화산 활동이 있어 200여 개의 기생화산이 10여 개의 화산군을 이루었다. 분포 상황을 보면 백두산의 서북부와 동부에 많고 동북부, 서남부와 남부에는 적다.

기생화산들은 선상(線上)에서 같은 거리로 분포하는데 동북~서남 방

옥벽봉에서 바라본 천지 물의 출구 천지의 물이 달문을 통해 승사하를 지나 장백폭포에 이르기까지의 모습이 한눈에 보인다.(옆면)

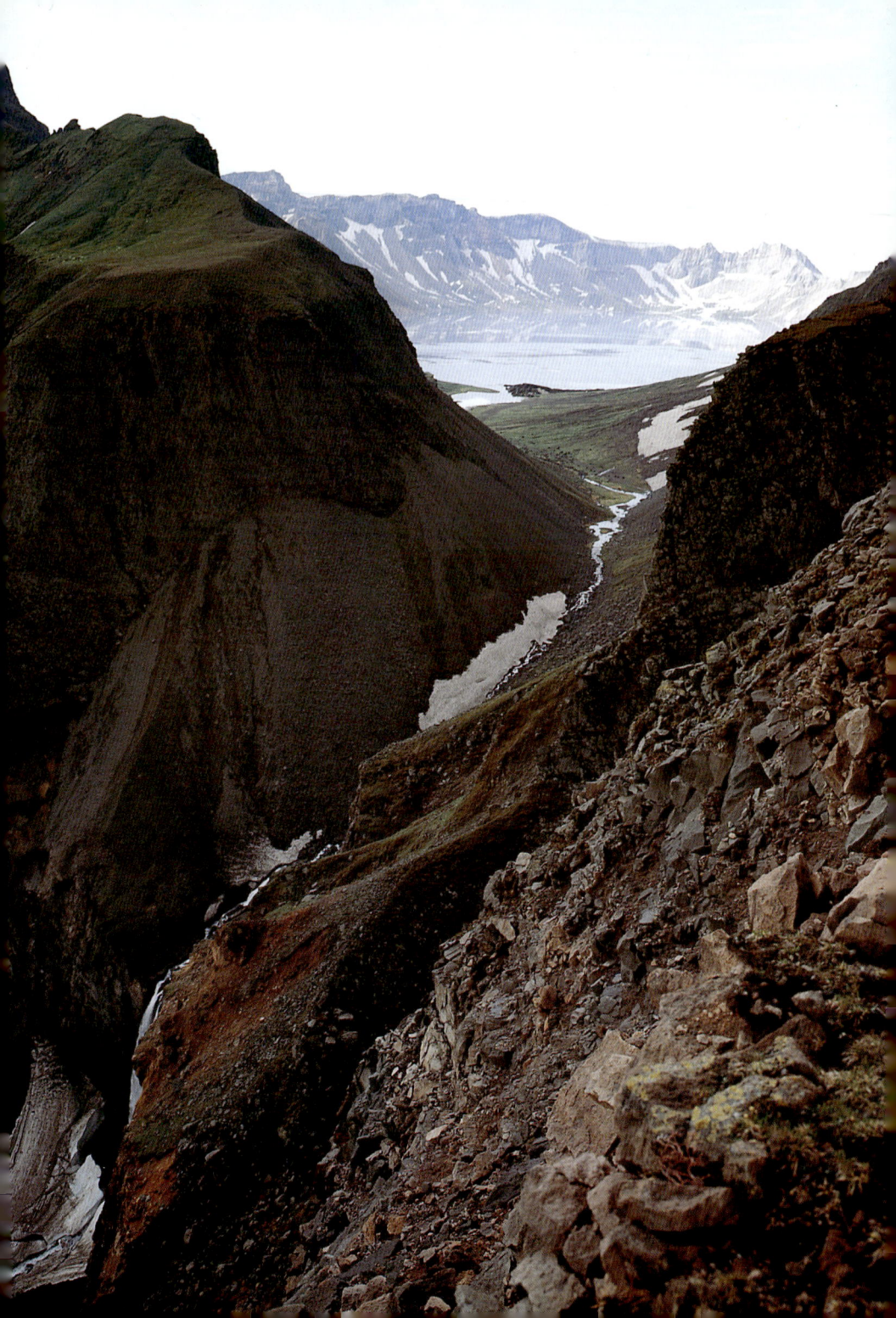

향과 동남~북서향 위주이며 그 가운데 동북~서남 방향에 많다.

화산의 형태는 원추상, 종상, 순상, 마안상, 말발굽 모양, 쌍방울 모양 등으로 나타난다. 용암대지의 화산은 규모가 비교적 크기 때문에 화산체의 밑바닥 직경이 1킬로미터 내외(큰 것은 3 내지 4킬로미터)이고 상대 고도는 100미터 내외다. 백두산 화산체에 분포하는 기생화산은 화산체의 밑바닥 직경이 500미터 이하이고 상대 고도는 10여 미터이다. 그러나 일부는 아주 작은 것도 있는데 밑바닥 직경이 불과 수미터 정도이고, 상대 고도는 아주 낮다.

일부 기생화산체도 정상부에 요지(凹地)가 있어 호수를 형성하고 일부 요지형 화구는 깊이가 작거나 파괴되어 소택지로 나타나는 것도 있다.

하곡 지형

하천이 흐르면서 침식, 퇴적하여 형성된 지형을 말한다. 백두산 지구의 하곡 지형 가운데 가장 전형적인 것이 협곡이다. 협곡의 특징은 너비는 좁고 깊이는 깊고 곡벽은 매우 급하거나 절벽 상태이며 심지어는 카르의 상부는 좁고 하상이 더 넓다. 이러한 협곡은 조자하(槽子河), 제자하(梯子河), 금강(錦江), 송강하(松江河), 이도백하에서 보편적으로 볼 수 있는데 전체 길이가 100킬로미터를 초과하는 것도 있다.

하곡의 형태는 궤짝 모양으로 곡벽은 절벽이고 강 바닥과 너비는 비슷하다. 이도백하 상류에서도 전형적으로 나타나는데 이를테면 소천지로

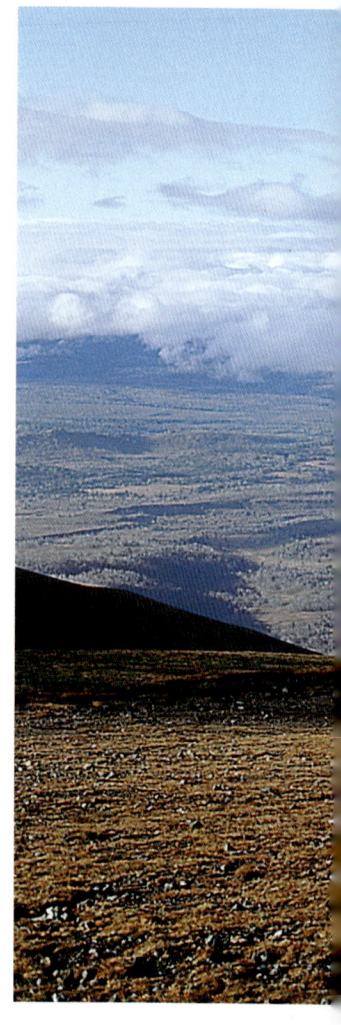

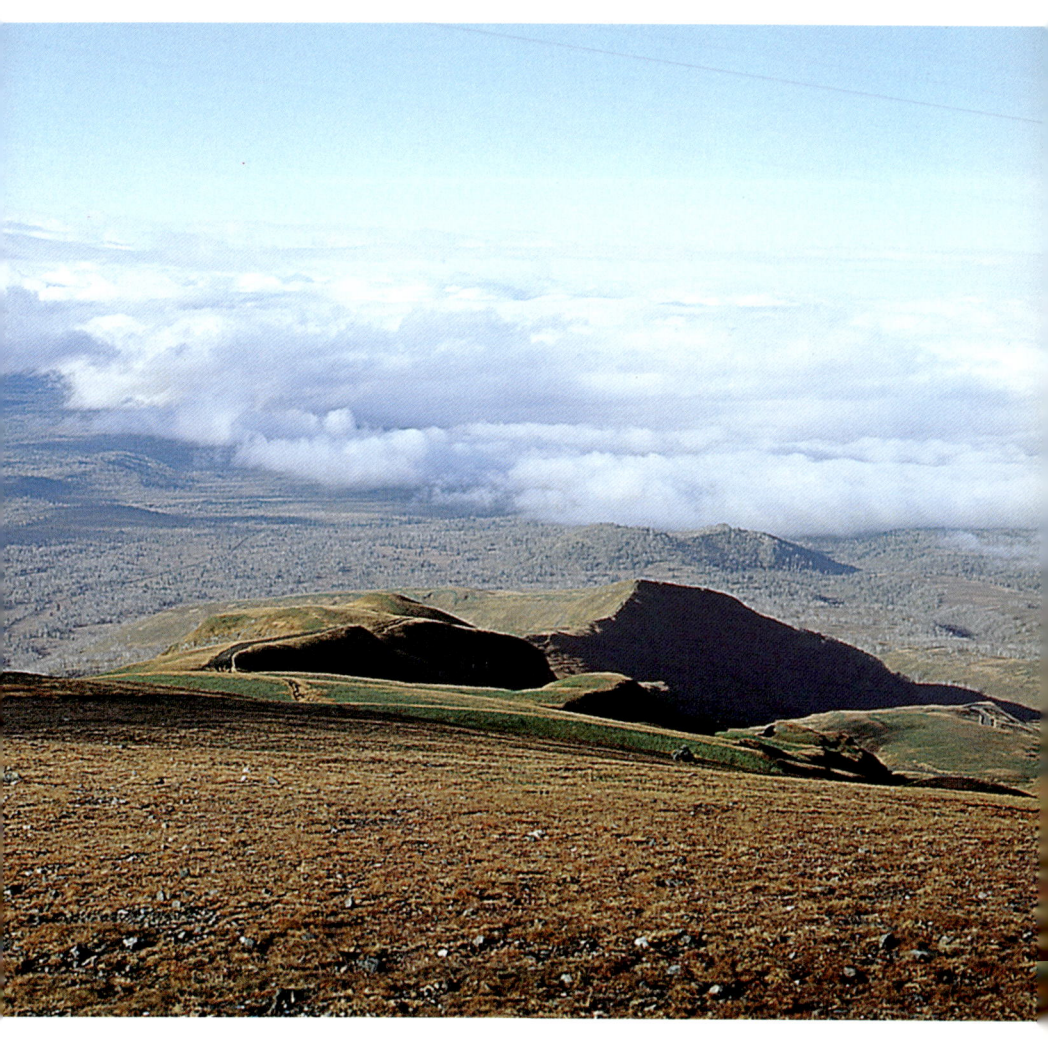

미경사 용암대지 운해 사이로 펼쳐진 드넓은 용암대지의 모습이다. 곳곳에 솟은 낮은 봉우리가 기생화산이다.

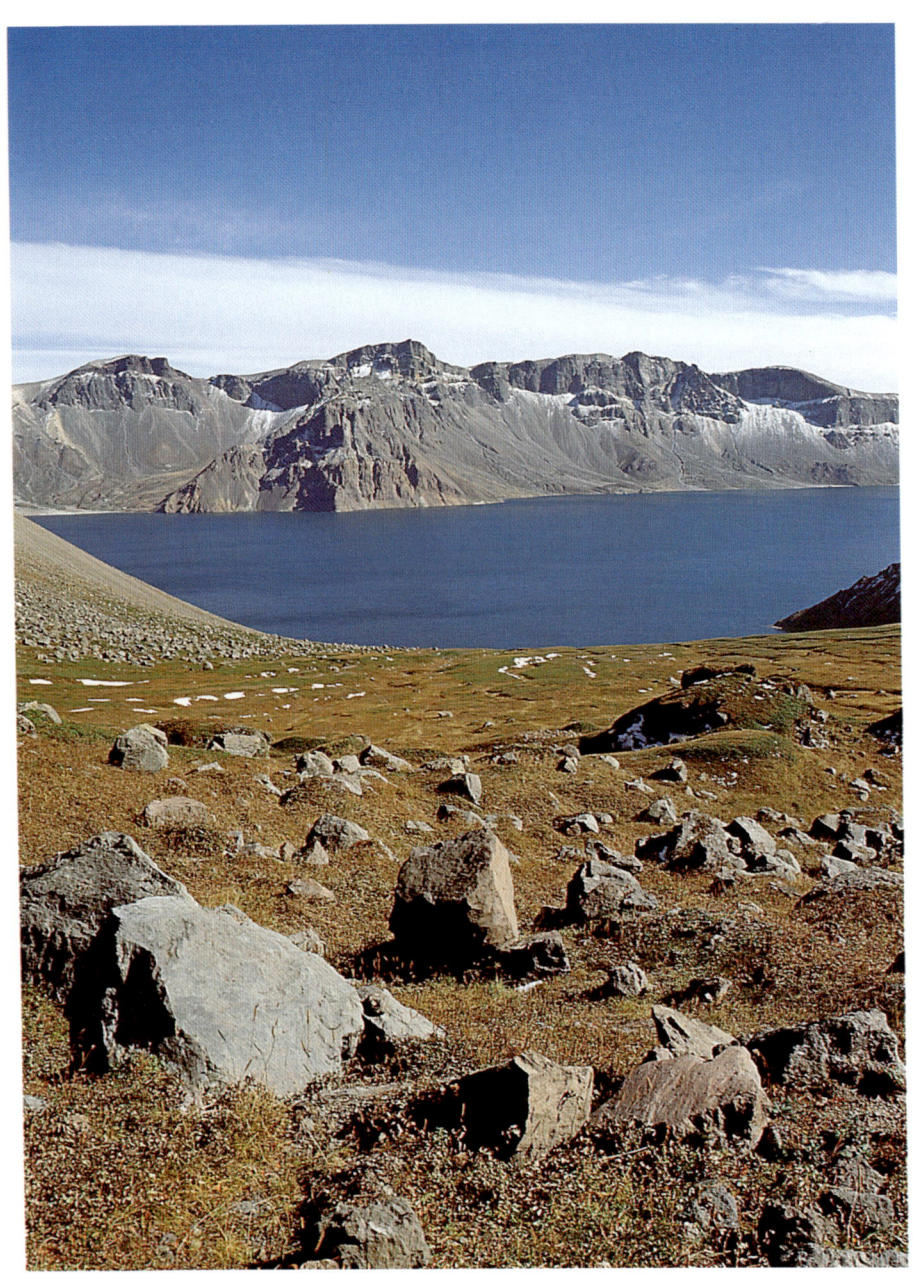

백운봉카르와 도석퇴 빙하의 침식에 의하여 생긴 안락 의자 모양의 카르 주변에는 한동 풍화 작용에 의해 생긴 도석퇴들이 있다.

가기 위해 이도백하를 건너가는데 그곳에서의 강 너비는 불과 50센티미터여서 한 발짝으로 건널 수 있으나, 골짜기의 깊이는 4미터를 넘는다. 곡벽 산림을 가는 도중의 이도백하에서도 강바닥의 너비가 1미터 안팎이고 깊이는 4미터 안팎이지만 지표면에서 하곡의 너비는 30센티미터 정도밖에 안 된다.

협곡의 형성 원인은 물길의 경사가 급하고 지각의 상승 운동 폭이 크며 하천이 암벽의 단열 또는 틈을 따라 흐르기 때문이다. 하곡에는 보편적으로 좁은 2급, 3급의 하천 단구와 범람지가 있다.

빙하 지형

빙하의 침식과 퇴적 작용에 의하여 형성된 지형을 말한다. 백두산은 지금으로부터 약 1만 년 전에 한랭한 기후 때문에 빙하에 덮였고 빙하의 흐름에 의하여 지면을 침식하여 카르(kar, 권곡), V형곡, 각봉(角峰) 등을 형성하였는데 지금도 그 형태는 뚜렷하다.

카르는 빙하의 침식에 의하여 안락 의자 모양을 이룬 형태로 앞부분은 급하고 중간은 편평하며 뒷부분은 급하다. 백두산의 카르는 천지 수면 위쪽의 천지 내벽에 있는데 전형적인 것이 6개이다.

백운봉카르 백운봉의 북쪽에 있다. 바닥 경사는 6에서 10도이고 뒷벽은 200미터 높고, 경사는 위부터 아래로 내려가면서 7에서 30도에 이른다. 카르의 깊이는 300미터, 너비는 1,000미터이고 수면에서 약 60미터 높다.

청석봉카르 청석봉의 남쪽에 분포하며 카르의 폭은 1,500미터, 길이는 1,000미터, 깊이는 400미터이다. 카르 안에 여러 갈래의 작고 얕은 골짜기가 있다.

옥설봉카르 옥설봉 북쪽 산밑에 있다. 길이는 500미터, 폭은 1,000미터, 깊이는 약 300미터이고 전단은 북쪽을 향하여 트여 있다.

해산카르 해산의 서쪽 장군봉 동쪽에 있다. 길이와 폭은 각기 1,500미

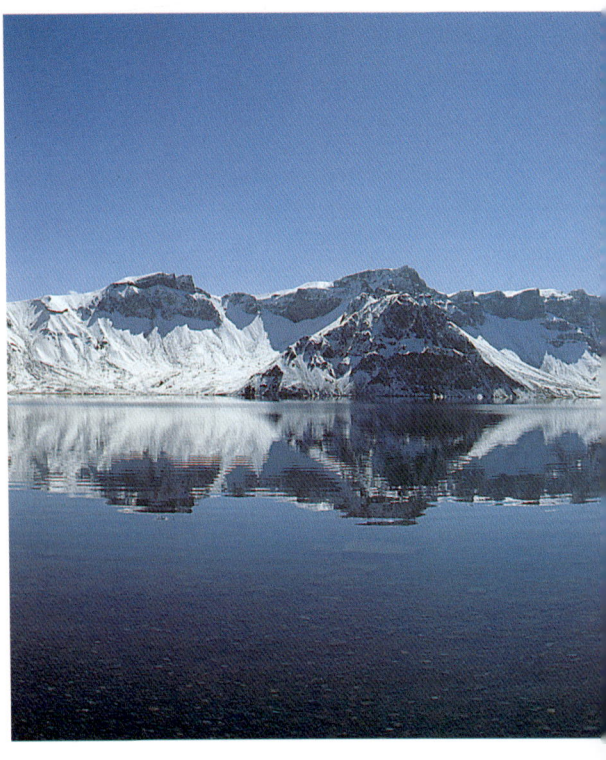

옥설봉카르 오른쪽에 하얗게 눈이 쌓인 부분이 빙하의 침식에 의해 이루어진 옥설봉카르이다.

터이고 깊이는 500미터, 뒷벽의 높이는 300미터를 넘고 경사도는 70 내지 80도이다. 저부의 경사는 완만하고 앞에는 턱이 없다. 해산카르는 백두산에서 가장 큰 카르다.

　　변계카르　6호 정계비의 서쪽에 자리잡고 있다. 너비는 1,200미터, 깊이 200미터이다.

　　달문카르　천지 북쪽 승사하 방향에 있다. 승사하의 침식 작용에 의하여 원래의 카르가 파괴되었으나 원형을 회복하면 너비 1,200미터, 길이 1,000미터, 깊이 300미터이다.

　　빙하곡　빙하의 침식에 의하여 형성된 골짜기를 빙하곡이라 한다. 백

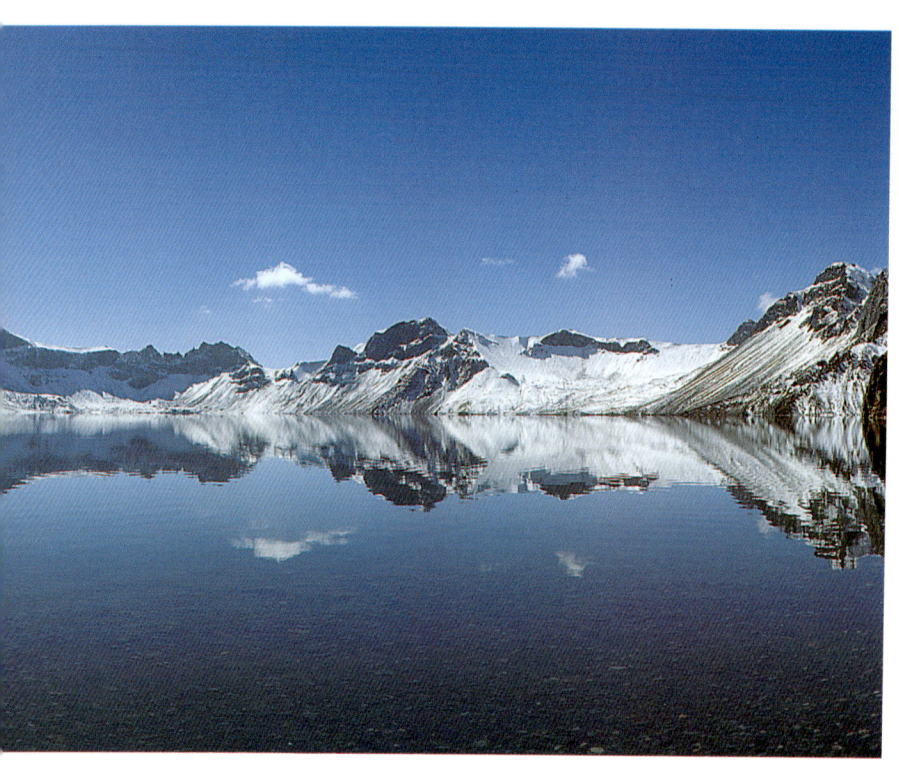

두산 화산추체의 북쪽 비탈에 여러 갈래의 빙하곡이 분포되었는데 깊이
는 수십 미터, 너비는 200미터, 길이는 1 내지 2킬로미터이다. 골짜기의 단
면은 U자형으로 되어 있다.

주빙하 지형

백두산은 기온이 낮아 주빙하 환경에 있으므로 여러가지 유형의 주빙
하 지형이 발달하였다.

도석퇴(倒石堆) 한동 풍화 작용에 의하여 형성된 자갈이 중력 작용으
로 인하여 경사면을 따라 이동하다가 퇴적된 것을 말한다. 도석퇴에는 흙

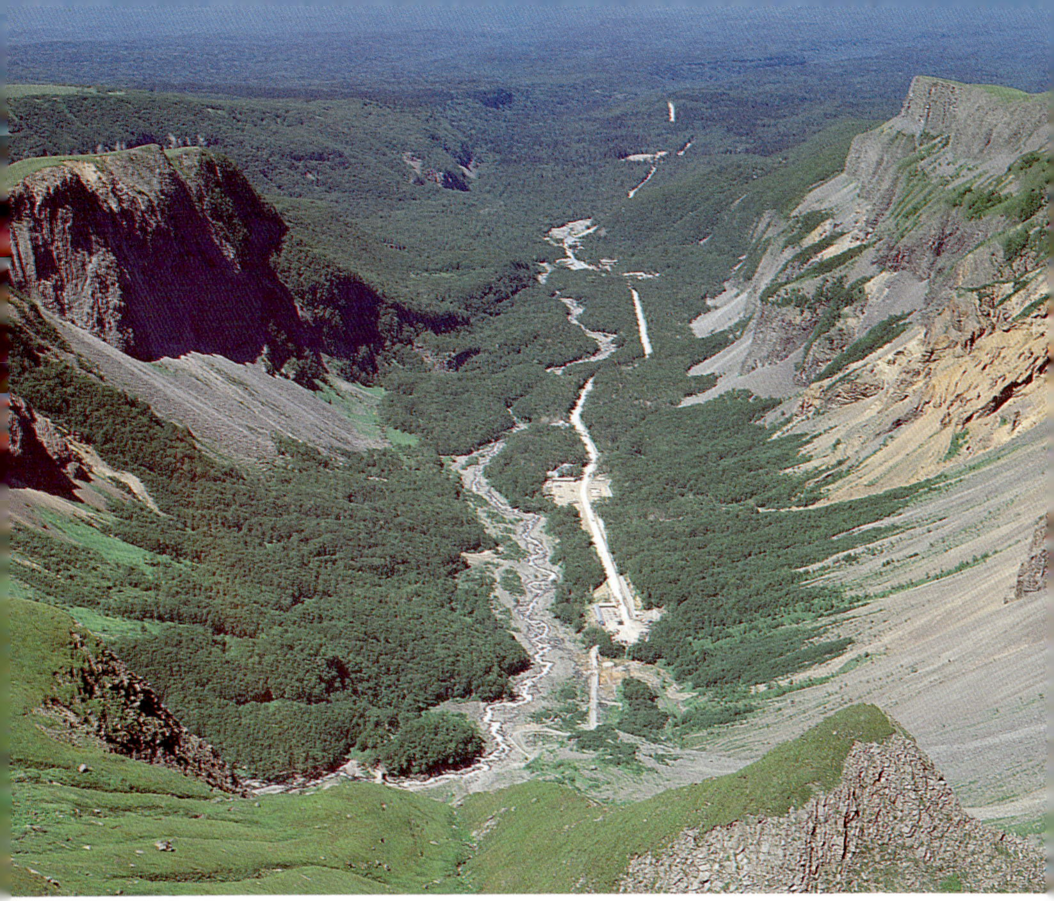

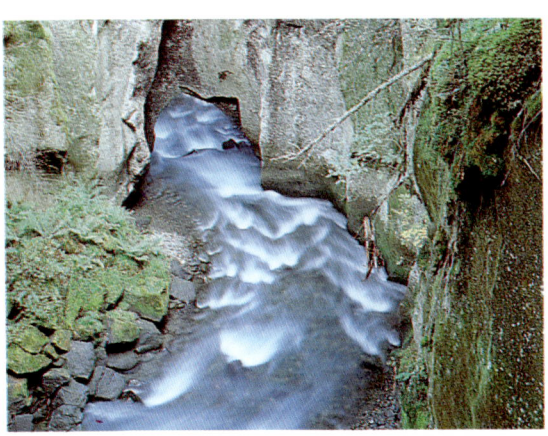

이도백하의 U자형 계곡
빙하의 침식에 의한 전형
적인 U자형 계곡의 모습이
다.(위)

협곡 지하 삼림 사이로 흐
르는 협곡의 모습이다. 협
곡은 너비는 좁고 깊이는
깊은 것이 특징이다.(왼쪽)

이나 모래가 섞이지 않은 순자갈뿐이다. 일반적으로 상부의 자갈은 작고 아래 부분에 있는 자갈이 크며 평면 형태는 부채 모양이다.

설식 와지　해발 2,300 내지 2,500미터의 화산추체 음지면에 분포되었다. 설식와지는 눈이 점차 녹으면서 눈과 지면 사이로 흐르면서 침식한 와지이다. 형태를 보면 바가지 모양이고 평면 윤곽은 원형이거나 타원형이다. 무더운 여름철인 7, 8월에도 설식와지에는 눈이 있어 백두산 여름 풍경을 더욱 빛내 준다.

석해(石海)　비교적 평탄한 지역에 돌과 자갈이 깔려 있고 부분적으로 암석이 노출되어 있다. 해발 2,000미터 되는 화산체 서쪽에 많다.

토환　해발 1,800미터 이상에 분포되어 있다. 형태는 지표면에 마치 가마를 엎어 놓은 것 같은데 큰 것은 지름 0.5 내지 2미터 안팎이고 높이는 20센티미터 안팎이다.

계단상 풀과 뿌리　태원대에서 흔히 볼 수 있다. 여름철에 기온이 상승되어 토양이 녹았을 때 풀과 풀뿌리는 중력 작용과 지면에서 흐르는 물에 의하여 경사진 방향으로 밀려 계단상을 이룬다.

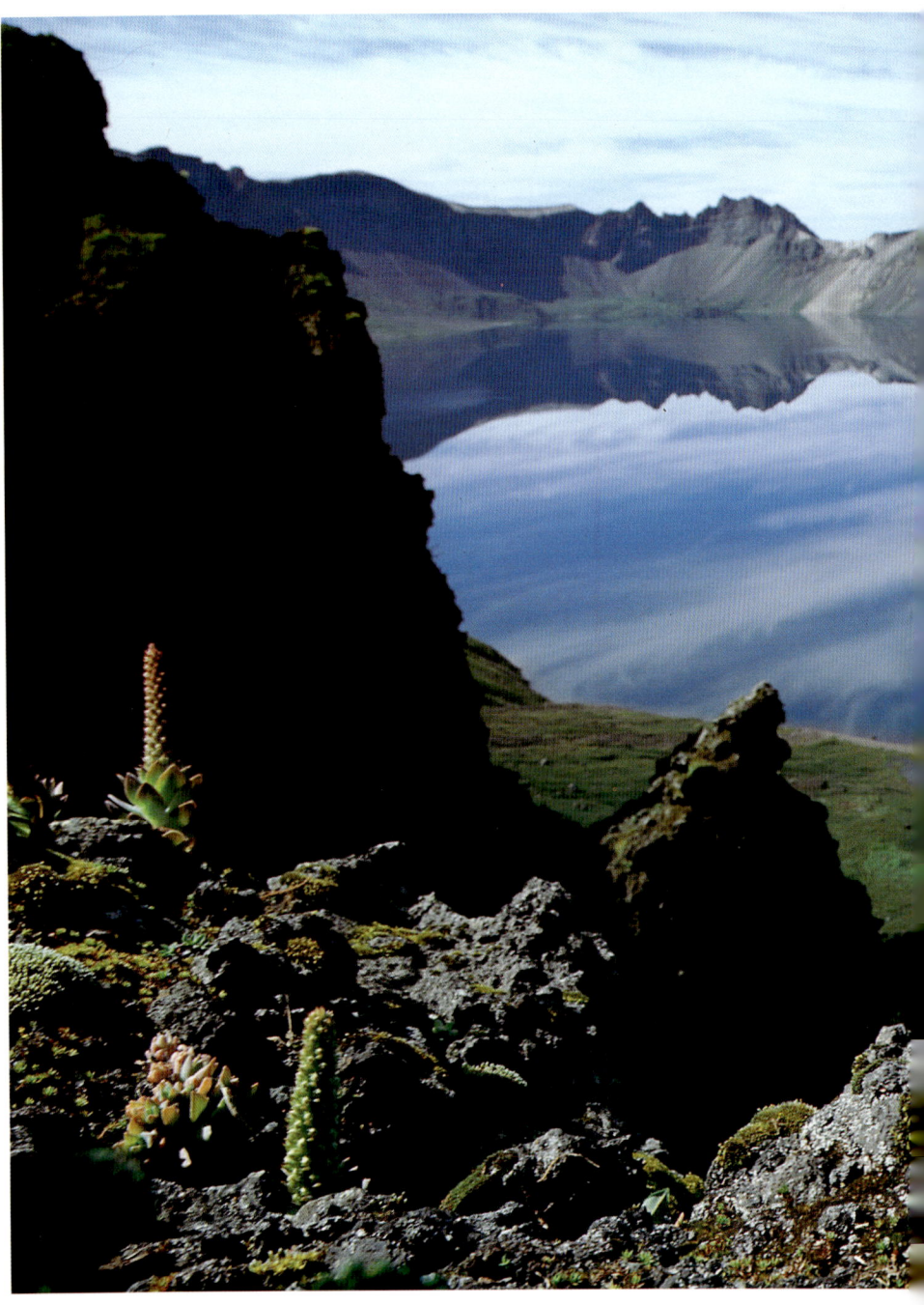

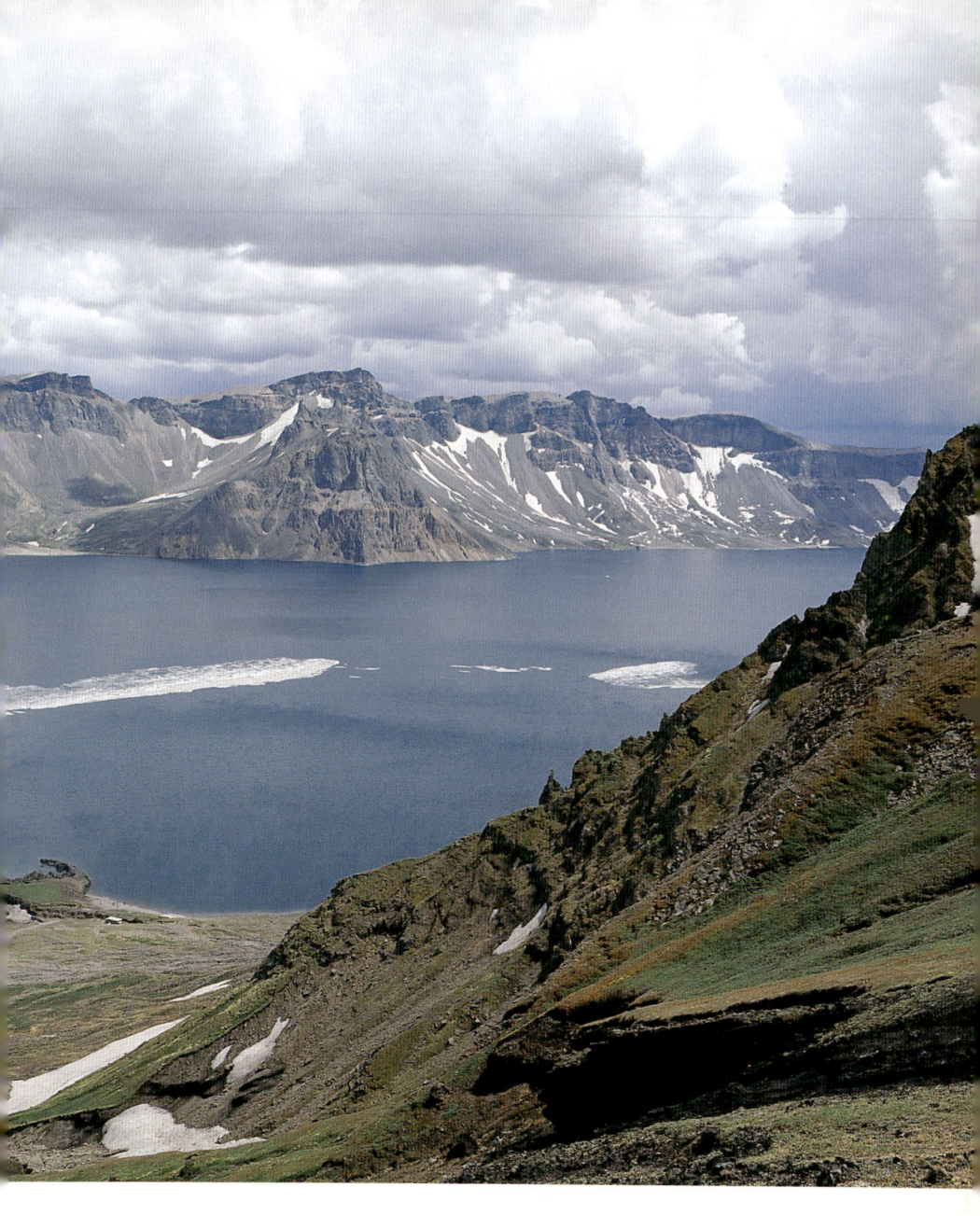

해마다 세계 각국에서 유람객이 모여 드는데 한국인만 해도 1년에 6만 여 명은 된다.(오른쪽)

좋은 점이라면 내원이 대부분 지하수이기에 무색, 무미하고 깨끗하고 차다. 천지물의 투명도는 16미터나 되고 가장 더운 달인 8월에도 천지 표층수의 온도가 섭씨 8 내지 10도, 20미터 이하의 수온이 섭씨 3.5 내지 4도이다. 그러므로 마시면 이가 시릴 정도로 차서 사람들에게 시원한 감을 준다.

천지의 물은 10월 중순부터 얼기 시작하고 이듬해 6월 중순에야 녹으므로 이 사이에는 미생물이 얼어 죽고 여름철이라 하더라도 수온이 낮기에 미생물의 번식률이 매우 낮아 호숫물에 함유된 미생물이 적어 깨끗하다.

표준을 초과하는 원소표

단위 PPM

원소 지점	F	Be	Se	Sb
용해 농도	1.0	0.0002	0.01	0.05
천지물	1.8	<0.015	<0.015	<0.2
양강 어귀물	<0.1	<0.015	<0.015	<0.2
온천물	7.4	<0.015	<0.015	<0.2

천지 물의 중탄산 함량은 주위 암석에 있는 나트륨 장석의 분해로 일반적인 음료수에 비하여 약 10배 정도 더 많아 마시면 시원하다. 이 밖에도 여러 가지 미량 원소도 적당하게 있어 인체에 유리하다. 그러나 백두산 천지는 화산호이고 또 몇 곳에서는 온천이 나오기에 인체에 불리한 화학 원소들도 있어 음료수로는 적당하지 않다.

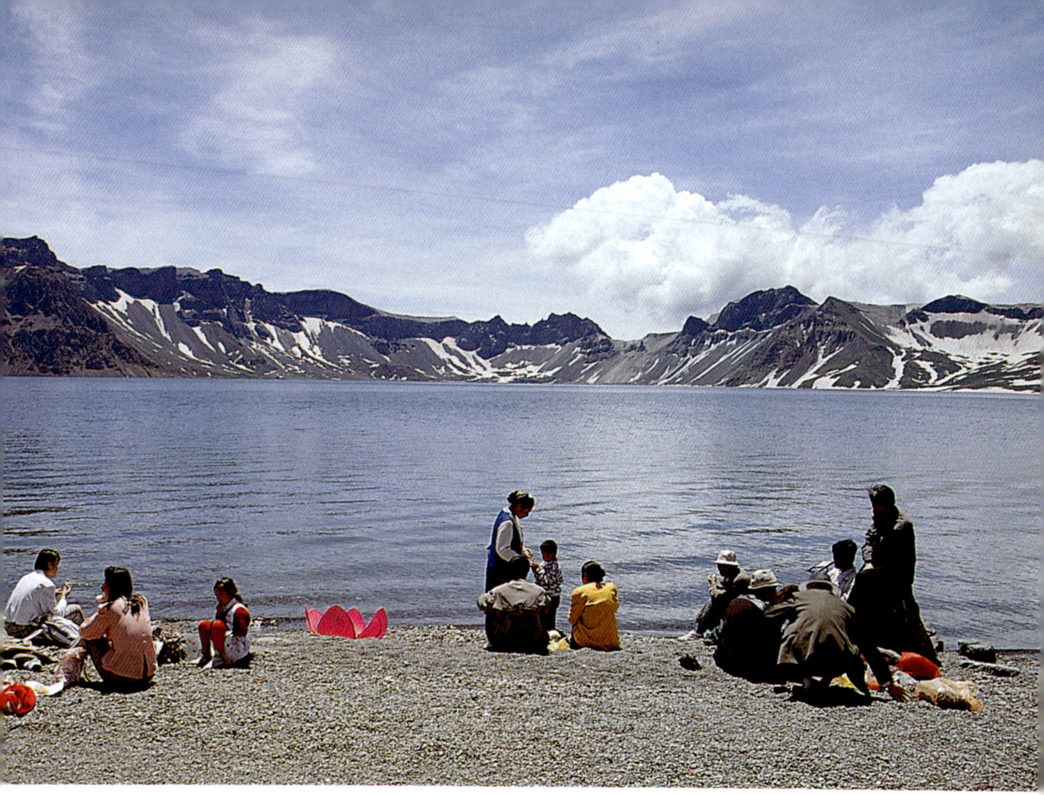

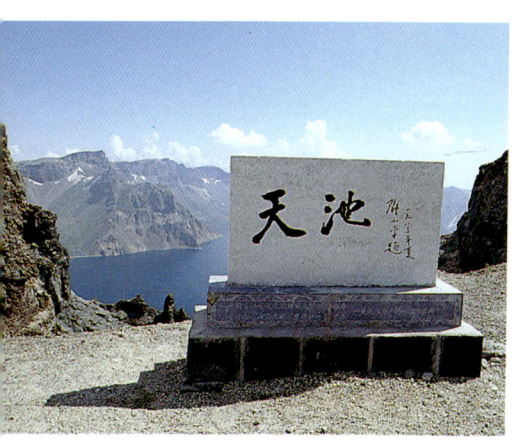

천지비 천문봉과 화개봉 사이의 산록에 세워진 등소평이 쓴 천지비이다.

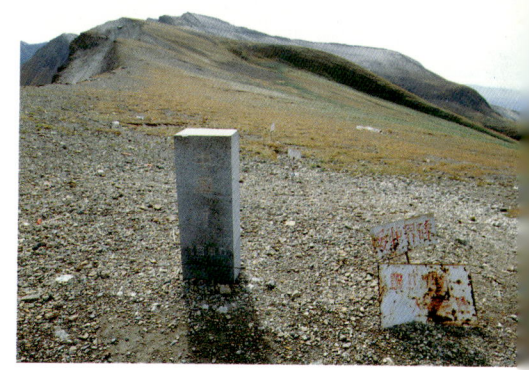

5호 경계비석 천지 서남쪽 옥주봉과 제운봉 사이에 있다. 경계비 너머가 북한의 땅이다.

천지의 괴물

괴물이 나타났다는 말 때문에 천지는 더욱 신비로움을 갖게 되었다. 이 괴물에 대해 어떤 사람들은 부석이라고 하며 어떤 사람들은 곰이 천지를 헤엄치는 것이라고 한다. 또 어떤 사람들은 1903년에 천지에서 화산 폭발이 있었기에 괴물이 있을 수 없다고 한다. 그러나 역사적 자료와 목격담에 의해 천지에 괴물이 있다고 인정한다.

1908년에 출판된『장백산지략(長白山志略)』, 1928년에 출판된『무송현지(撫松縣志)』, 1992년에 출판된『안국현지(安國縣志)』에는 천지에서 괴물을 보았다는 사실이 적혀 있다. 또 괴물을 직접 본 사람들도 적지 않다.

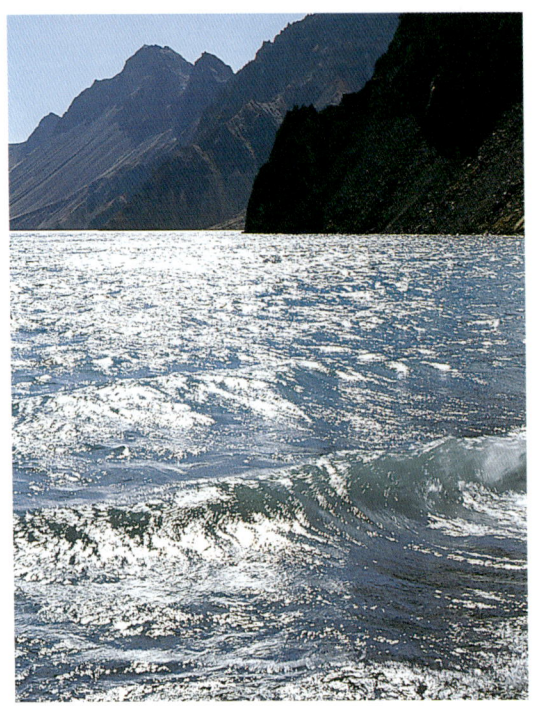

천지의 파도 바람이 일면 천지에 억센 파도가 생기는데 높이가 1미터 이상 되기도 한다.

목격담

1962년 8월 중순에 주봉영(周鳳靈)이 천문봉에서 6배 망원경으로 천지 동쪽 천지 수면에 있는 괴물을 보았다고 하는데 몸체는 흑갈색으로 머리는 개와 비슷하다고 하였다.

1976년 9월 천문봉에서 휴식하고 있던 36명의 유람객들이 천지 복판으로 헤엄쳐 가는 괴물을 보았는데 크기는 소와 비슷하다고 하였다.

1980년 8월 기상소의 많은 사람들이 사흘 동안에 세 차례나 보았는데 머리는 사람 머리 정도이고 눈은 밤알만큼 컸다고 했다.

1981년 6월 백두산 자연보호국에 있는 6명의 직원들이 괴물을 보았는데 길이는 2미터, 머리는 표범 머리와 비슷하다고 하였다.

1981년 9월 이소빙 기자가 천지 괴물의 사진 찍었다.

1962년부터 1993년에 이르는 30여 년 동안에 수백 명이 수십 차례나 천지의 괴물을 보았다.

괴물을 본 사람들의 말을 정리하여 괴물의 모습을 그리면 소만큼 크고 회색이고 반지르하다. 머리는 개 머리와 비슷하고 눈은 밤알만하며 주둥이는 앞으로 나왔다. 목의 지름은 약 10센티미터, 길이는 1.5 내지 2미터, 몸체 쪽에는 흰 무늬가 있다.

또 다른 모습은 몸의 길이는 2미터 정도이고 머리는 표범 비슷하고 머리 위와 앞턱은 흰색이고 다른 부위는 노란색이라 한다.

괴물을 본 사람들의 시간 기록을 정리해 보면 6월 중순, 8월 중순, 9월 중순인데 8월 중순에 나타난 것이 가장 많다. 그러므로 백두산을 관광하는 사람들은 어느 달이든 괴물을 볼 수 있는 가능성이 있게 된다. 특히 천지의 괴물은 길상의 상징이므로 순간을 잡아 보기만 하면 그들에게는 행운이 기다리고 있다고 전한다.

천지 물고기 전설과 산천어

오랫동안 학술계에선 화산 분화구에 고인 물에는 물고기가 살 수 없는 것이 보편적인 주장이었다. 그러나 전설에 의하면 천지에 물고기가 있다고 전해지고 있다.

백두산 기슭에 자리한 하늘 아래 첫 동네에 어떤 왕이 예쁜 공주를 키우고 있었다. 천진난만하던 공주가 어느 날 갑자기 소침해지면서 날로 야위어갔다. 왕은 수심에 찬 딸을 불러 웬일이냐고 캐고 물으니 공주가 겨우 입을 열어 고백했다. "밤중이면 큰 도깨비 같은 사람이 와서 못 자게 한다"는 것이었다.

이 일을 안 왕은 밤이면 사람들을 매복시켜 그 것을 붙잡으려 해도 도깨비인지 귀신인지 전혀 종적이 없었다. 딸이 거의 죽게 되자 왕은 고민 끝에 천하의 노인들을 모셔 놓고 자초지종

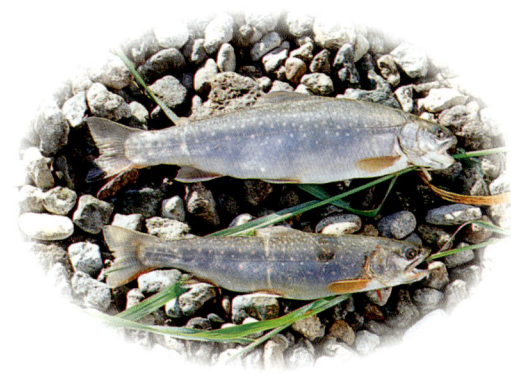

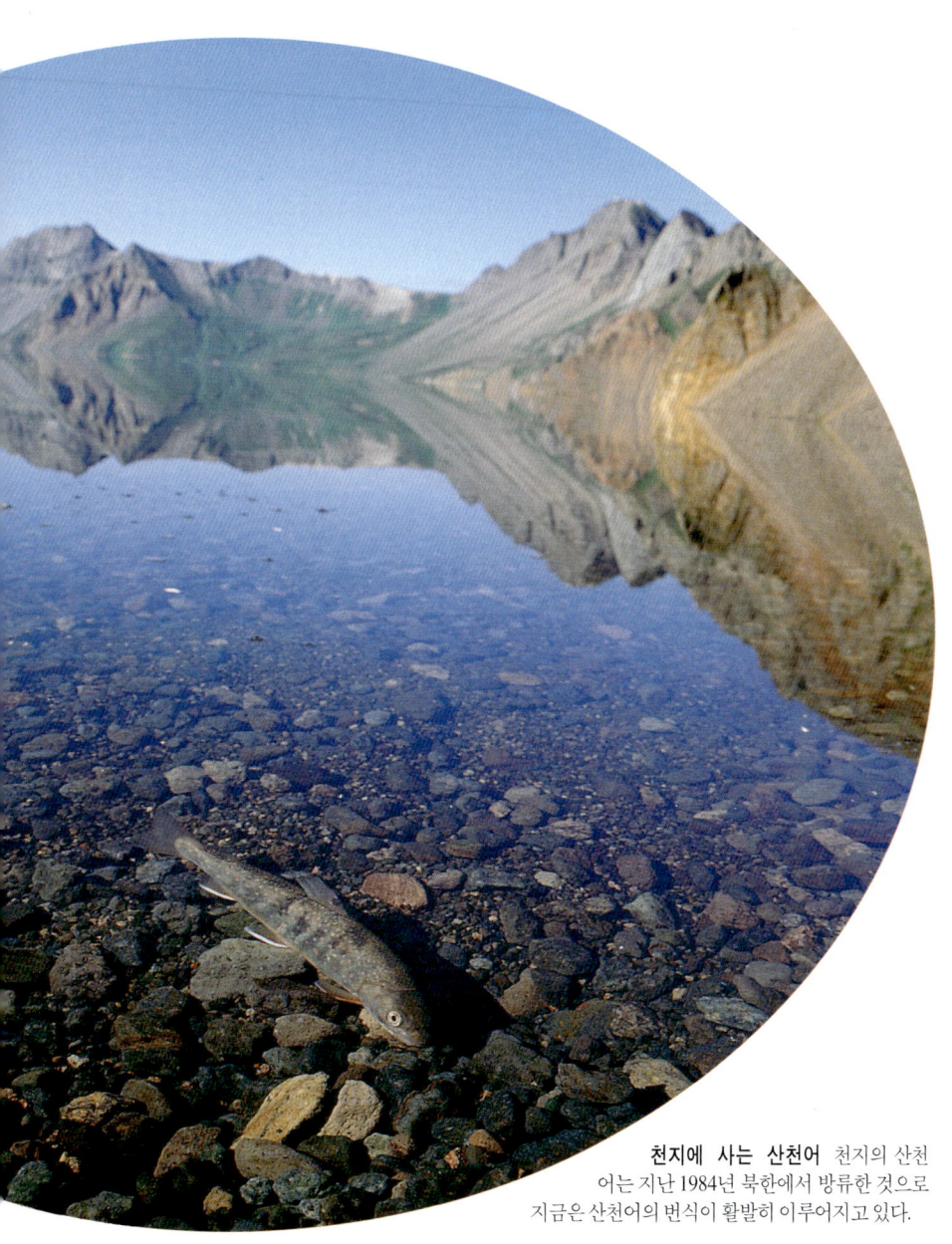

천지에 사는 산천어 천지의 산천
어는 지난 1984년 북한에서 방류한 것으로
지금은 산천어의 번식이 활발히 이루어지고 있다.

을 말씀드리고 도움을 청했다. 그 가운데 한 노인이 "명주 실타래를 준비했다가 밤중에 온 이의 발목에다 명주실을 매어 놓으라"고 했다. 공주는 노인이 시키는대로 했다.

　그날 밤은 눈이 어찌나 퍼부었던지 천지가 눈에 묻힌 듯 하였다. 이 튿날 노인들이 눈속을 헤치면서 명주실을 찾아 따라가 보니 명주실은 백두산 천지 속에 들어가 있었다. 노인들이 천지 물을 다 퍼내고 보니 또 큰 바위 밑에 명주실이 끼어 있었다. 힘센 장수들을 불러서 바위를 들어내니 큰 고기가 엎드려 있는데 그 고기의 꼬리 지느러미에 명주실이 매여 있었다.

　지금은 그 전설이 현실로 되어 산천어들이 떼지어 살고 있는데 몸길이가 30 내지 50센티미터 되는 것들도 많다. 산천어는 잡냄새가 없고 맛이 좋고 국물이 시원하며 잔뼈가 없어 먹기에도 좋다고 한다.
　천지 산천어 가운데 큰 것은 몸길이 70센티미터 정도이고 몸무게는 5킬로그램이나 된다. 이것은 세계 산천어의 왕이라고도 볼 수 있다. 산천어의 생활 습성은 급류라 해도 강을 따라 상류로 올라가지만 이도백하 상류에는 폭포가 있어 천지 쪽으로 더 올라갈 수가 없다. 조사에 따르면 1984년 북한에서 수많은 산천어 치어를 백두산 천지에 넣었다고 한다. 이렇게 보면 천지 산천어의 나이는 12년생에 해당된다.

쌍둥이 화산호

소천지와 적지

악화호텔 북쪽에서 이도백하를 건너 서쪽으로 올라가면 동호와 서호가 있다. 산등성이에서 내려다보면 마치 한 쌍의 은반지처럼 보이기에 은환

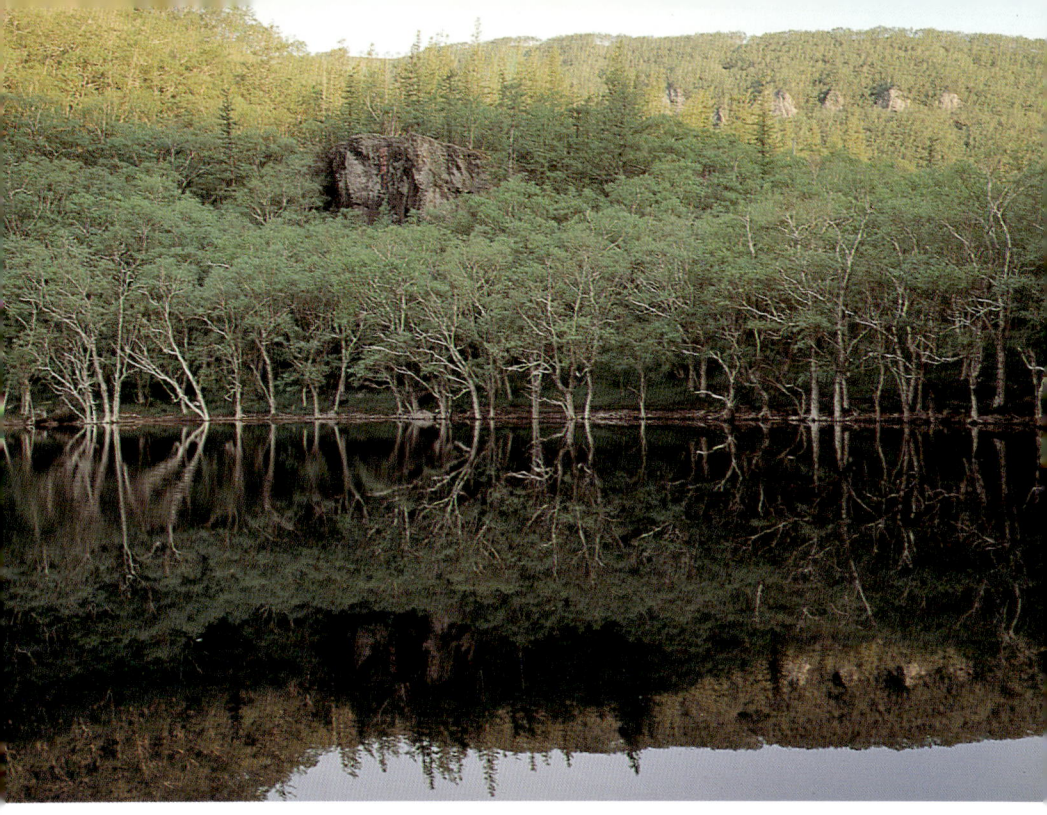

소천지 소천지는 작은 화산호인데 호안은 평탄하고 왕사스래나무가 빽빽히 서 있어 천지와는 달리 맑고 고요하다.

호라 했고 또 서로 가지런히 있다고 하여 대환호(對環湖)라고도 부른다.

동호는 소천지를 말한다. 둘레는 260미터 가량 되고 깊이는 20미터에 이른다. 소천지는 작은 화산호인데 호안은 평탄하고 사스래나무가 빽빽히 서 있어 천지와는 달리 아주 조용하고 온화하며 아름다운 풍경을 보여 주고 있다.

서호는 소천지의 서쪽으로 들어오는 물줄기를 따라 130미터 가량 가면 도착한다. 서호도 화산호인데 둘레가 약 220미터 정도이다. 수심이 얕아 동쪽에만 물이 있고 서쪽은 저습지로 되어 있다. 그래서 이곳을 적지(赤池)라고도 부른다.

봉우리

장군봉(백두봉)

천지의 동남쪽에 위치한 장군봉은 해발 2,749미터로 백두산에서 가장 높은 봉우리로 알려져 있다. 이 봉우리는 빙하가 깎아서 이루어진 것이다. 꼭대기에서부터 북쪽으로 천지 쪽으로 뻗은 등성이는 장관인데 맞은편 백운봉 아래 등성이와 흡사하여 험한 봉우리 밑의 험한 봉우리로 알려졌다. 이것은 천지 안쪽 화산암이 이루어 놓은 지형이다.

끌차(잉크라인 철도)와 도로를 통해 정상에 오를 수 있다. '장군봉' 오솔길을 더듬어 천지가에 내릴 수도 있다. 장군봉 꼭대기에는 사철 녹을 줄 모르는 눈이 깔려 있고 남쪽은 산세가 가파른데 두 봉우리가 마주선 남천문이 있다. 그 아래에는 10여 리를 흘러내리는 부류하가 있다.

백운봉

천지의 서쪽에 위치한다. 백운봉(해발 2,691미터)은 중국 동북 지방에서 가장 높은 봉우리로 북으로 지반봉(녹명봉)과 1,260여 미터 떨어져 있고 남으로는 옥주봉과 면해 있다. 이 산은 둥근 모양을 이룬 높은 산인데 산세가 험준하고 가파르다. 해맑은 날씨에 뭇 봉우리들이 각기 웅자를 드러낼

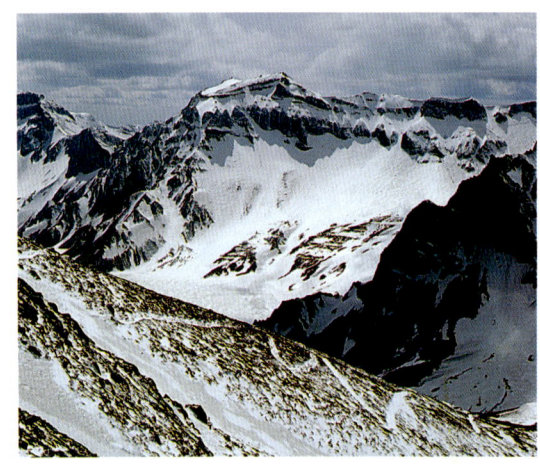

4월의 백운봉 백운봉은 중국 동북지방에서 가장 높은 봉우리로 둥근 모양이지만 산세가 험준하고 가파르다.

때에도 백운봉만은 종일토록 흰구름이 감돌기 때문에 백운봉이라 이름하였다.

백운봉은 천지의 수면에서 497미터나 높게 우뚝 솟아 푸른 하늘을 찌르는 보검처럼 보이는가 하면 또 하늘을 이고 땅에 거연히 세워진 금빛 종과도 같아 보인다. 꼭대기는 회백색, 담황색, 유백색의 부석들로 되어 푸른 하늘 흰구름과 서로 대조를 이룬다. 정상에 오르면 동으로 적봉, 남으로 대연지봉, 소연지봉, 서쪽으로 천아봉, 북쪽으로 내두산 등 창망하고 호한한 장백의 뭇 산들을 멀리 바라볼 수 있다. 봉우리로부터 동쪽으로 날카로운 능선이 천지에 뻗어 들어갔고 그 끝쪽에 유명한 옥장천이 있다.

천문봉

천지 기상관측소에서 서남쪽으로 400여 미터 되는 곳에 남쪽으로 화개봉과 325미터 마주 솟아 있고 북으로 철벽봉을 등진 곳에 있다. 천지의 수면에서는 476미터, 해발 2,670미터의 높이를 가진 이 봉우리는 천지 북쪽켠에서 가장 높은 산마루이다.

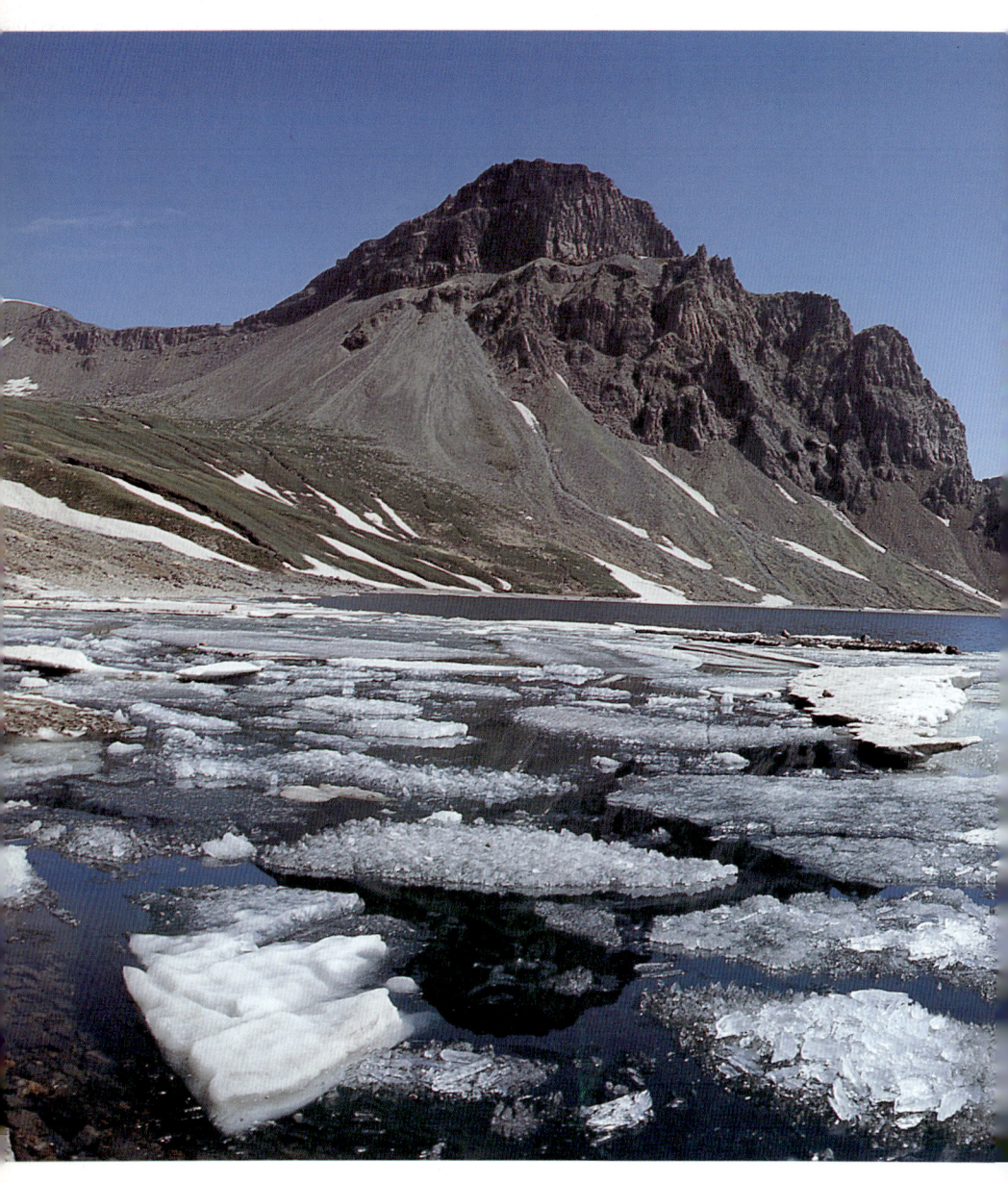

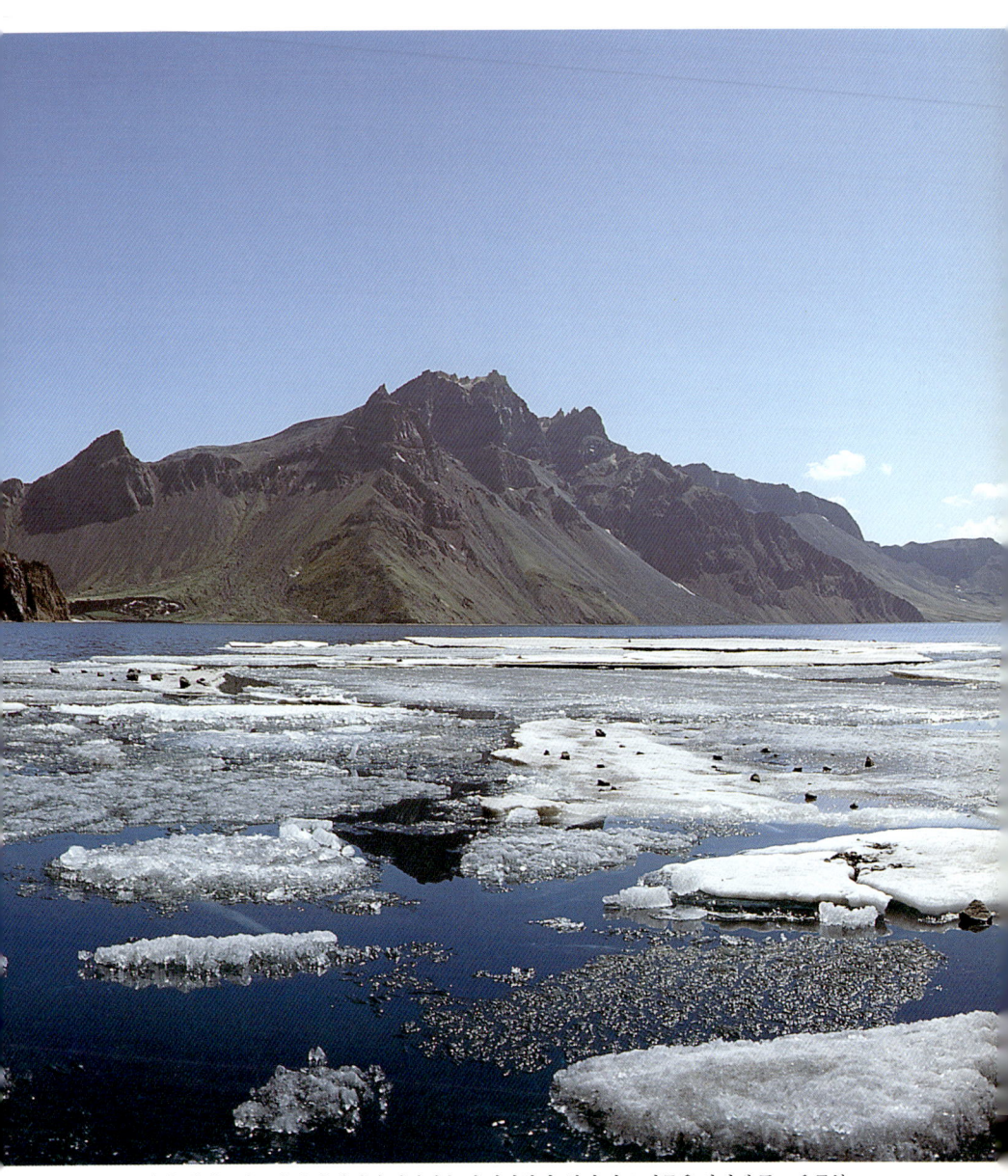

천지 해빙 6월 중순부터 얼었던 천지가 녹기 시작한다. 천지 뒤로 달문을 사이에 두고 용문봉과 천문봉이 보인다.

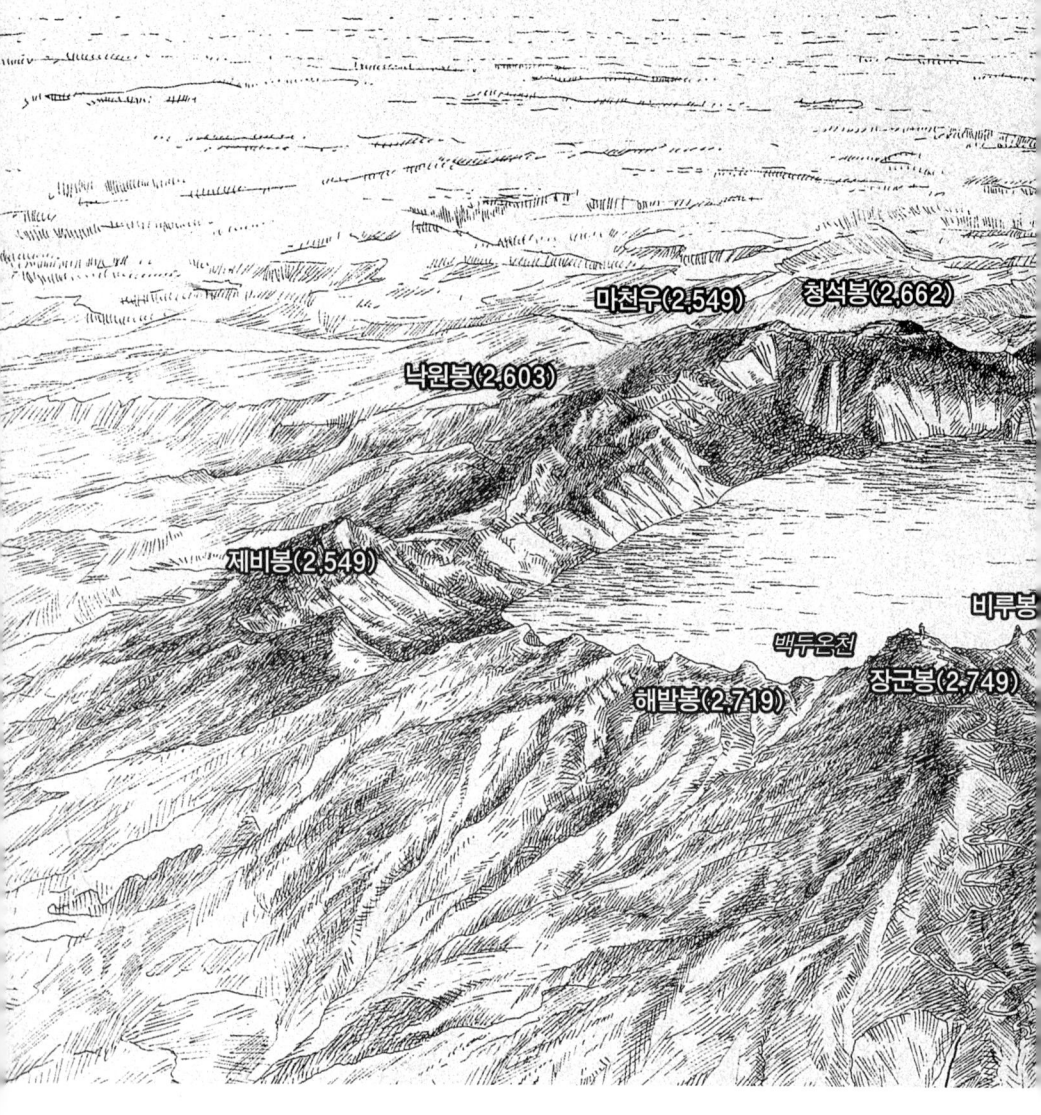

마천우(2,549)   청석봉(2,662)

낙원봉(2,603)

제비봉(2,549)

비루봉

백두온천   장군봉(2,749)

해발봉(2,719)

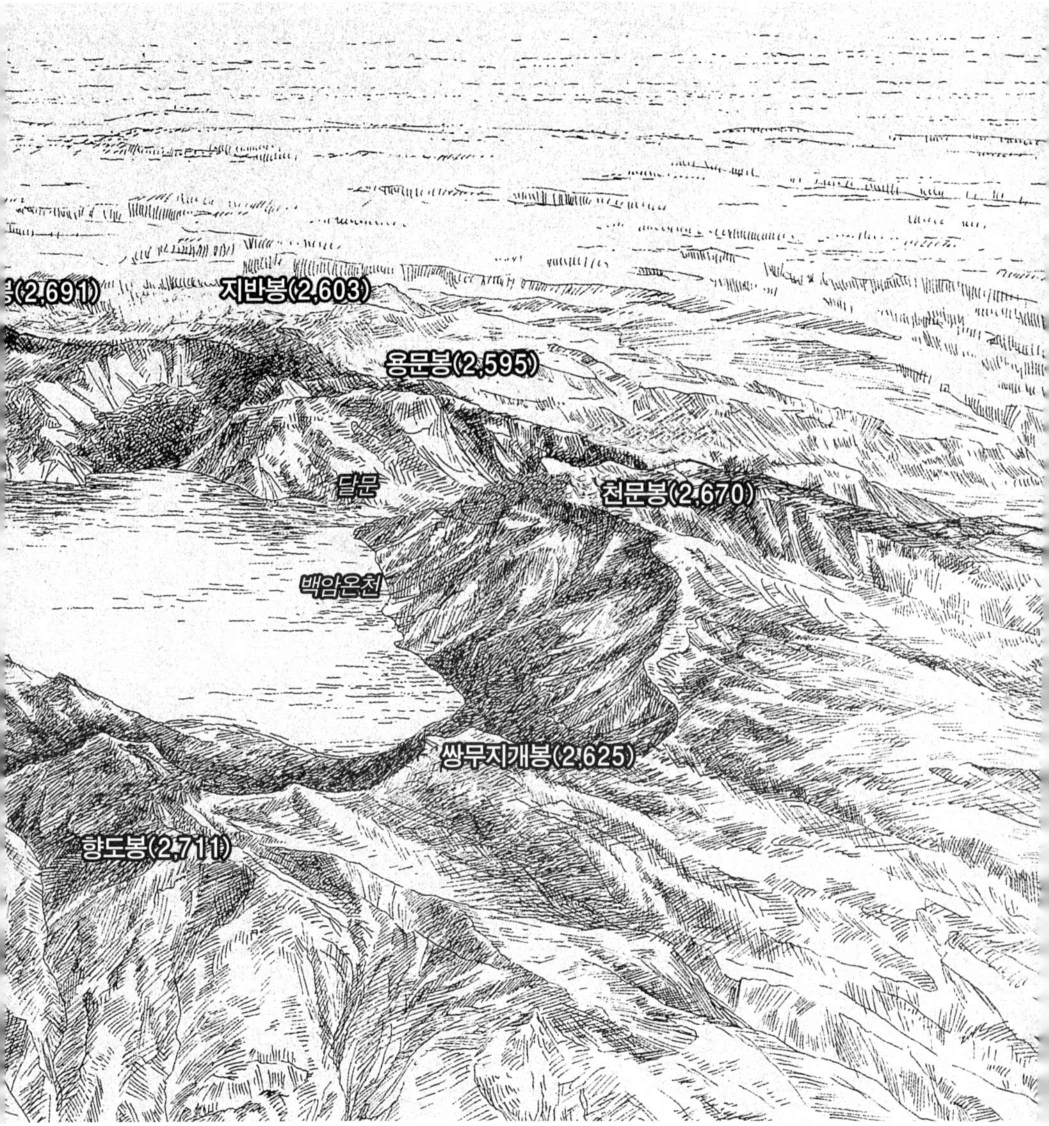

(2,691)　지반봉(2,603)

용문봉(2,595)

달문　　　　　천문봉(2,670)

백암온천

쌍무지개봉(2,625)

향도봉(2,711)

1995년에 북한에서 발행한 『백두산 천지』의 산봉우리 위치도를 기초로 하여
정리한 백두산의 봉우리들.

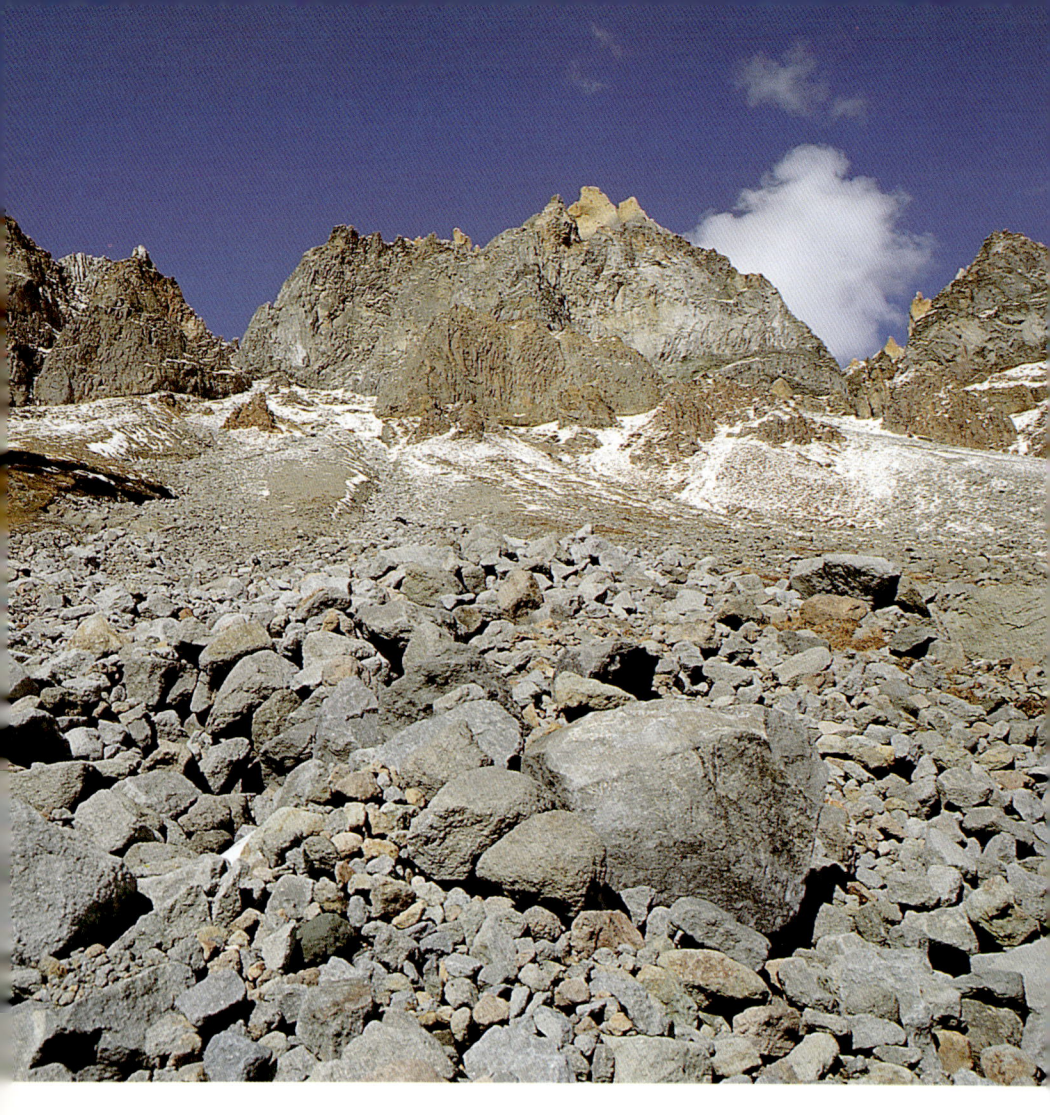

철벽봉, 천문봉, 화개봉 철벽봉과 화개봉은 분화구에서 분출한 용암이 퇴적된 것인데 절리가 솟아나 산봉우리의 남쪽이 급경사를 이루고 천문봉은 후에 분출한 부석이 퇴적되어 매부리 모양을 이루었다. 주변에는 산체의 풍화로 낙석이 심하다.

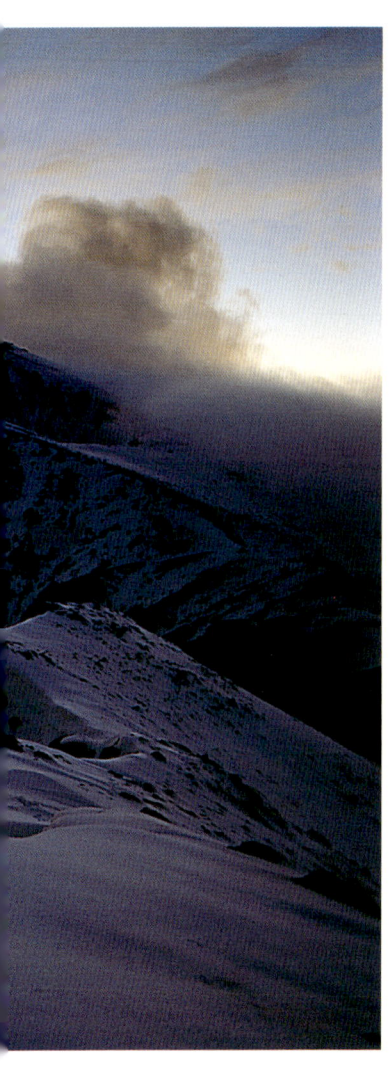

해발봉은 천지의 동남 800미터, 장군봉 서남 1,400미터 되는 곳에 자리잡고 있다. 해발 고도는 2,711미터로 백두산에서는 두 번째로 높은 봉우리이다.

비류봉은 천지의 동쪽, 자암봉에서 동남 500미터 되는 곳에 있는데 해발 고도는 2,651미터이다. 해발봉, 단결봉, 제비봉, 비류봉 등은 한반도의 영역에 속한다.

폭포와 온천

폭포

장백폭포

하늘가에 기암 산봉의 영상을 비추어 주는 천지의 맑고 푸른 물은 천지의 북쪽 천활봉과 용문봉 사이의 달문에서 흘러 1,250미터 길이의 승사하를 이루고 지나 벼랑을 만나 낙차 68미터의 장대한 폭포를 이룬다. 거대한 폭음이 몇 리 밖에까지 울리며 흰 물보라를 흩날려 공중에 칠색무지개와 백룡이 날아내리는 듯한 절경을 이룬다. 이것이 바로 장백폭포이다.

승사하 말단에서 폭포의 중간에는 큰 바윗돌이 노출되어 한 줄기로 내려오던 물줄기가 아쉽게도 두 갈래로 갈라져 쏟아지는데 망폭파(望瀑坡)에서 바라보면 마치 한 필의 비단이 하늘에서 내려오다가 이곳에서 두 필의 비단으로 되어 백두산 산턱에 걸려 있는 듯 하다.

백두산에 걸려 있는 두 필의 비단은 일 년 내내 볼 수 있다. 북방의 모든 폭포는 봄부터 가을까지 물이 있어 장관을 이루지만 겨울이면 물이 얼어 자취를 감춘다. 그러나 장백폭포만은 겨울에도 얼지 않고 계속 흐른다. 유량 관측에 의하면 여름철인 7월의 폭포 유량은 635만 세제곱미터이고 겨

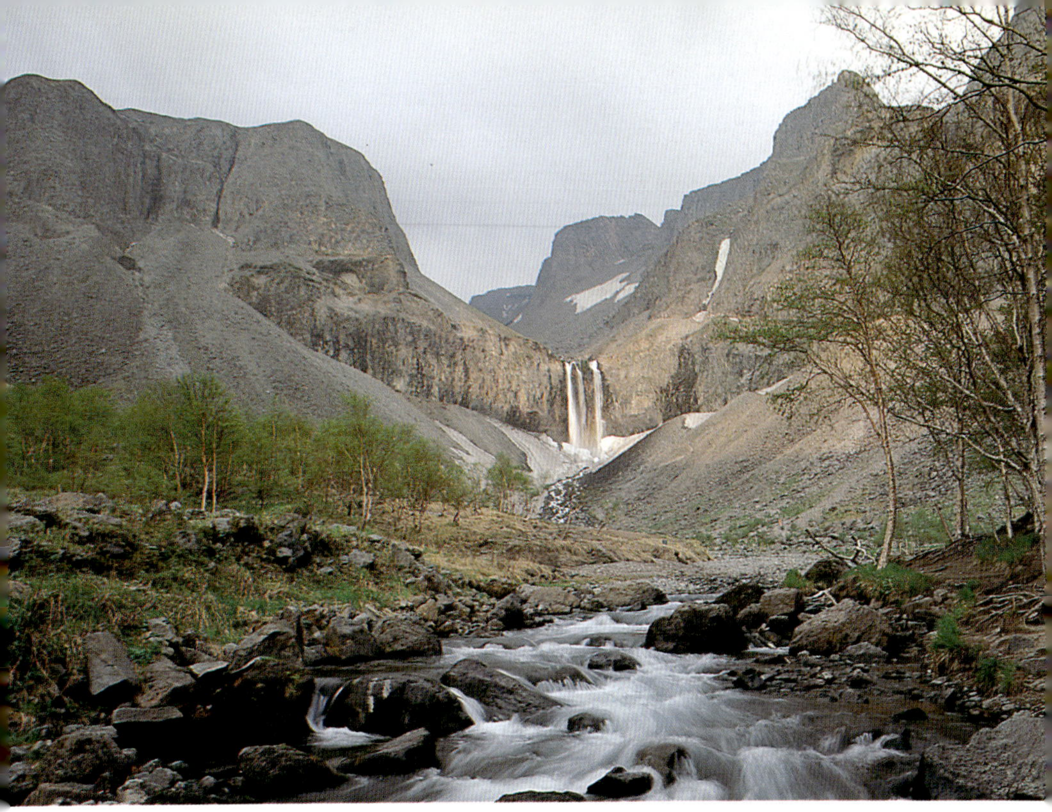

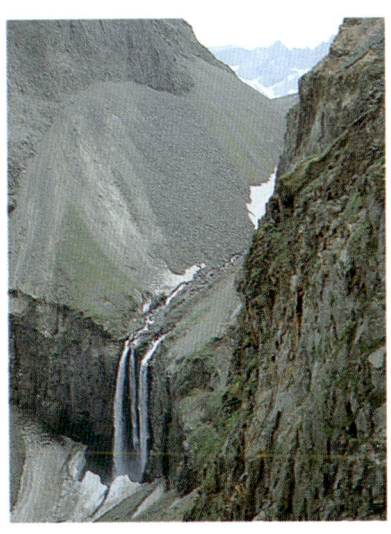

장백폭포 이도백하 계곡에서 올려다 본 장백폭포의 모습이다. 빙하에 의한 U자형 계곡의 모습이 확연히 드러난다.(위)

장백폭포 옥벽봉에서 내려다본 장백폭포의 모습이다. (왼쪽)

울철인 1월의 폭포 유량은 218만 세제곱미터이다. 이처럼 많은 폭포수가 일 년 내내 흐르니 백두산에 걸려 있는 두 필의 비단도 일 년 사시절 사람들에게 기쁨을 안겨 준다. 이것은 세계에서 오직 장백폭포에서만 볼 수 있는 장관이다.

은류폭포

용문봉 북쪽 0.5킬로미터 떨어진 협곡에 자리하고 있다. 폭포 상류 강은 지하에서 흘러 보이지 않으나 폭포 부근에서 지면에 노출되면서 높이 20미터의 폭포가 형성되었다. 폭포 물량은 우기에 많고 건기에는 적으며 심지어는 물이 없을 때도 있다. 이 폭포는 옥벽을 사이에 두고 장백폭포와 가지런히 자리하고 있다.

악화폭포

백두산 동쪽 비탈 삼도백하 상원에 있다. 이 폭포는 태원대와 사스래나무림대(악화림)의 교계처에 있어 악화폭포라 하였다. 악화폭포는 급류가 불시에 20여 미터 되는 절벽에서 떨어지면서 이루어지는데 먼 곳에서 바라보면 흰 비단이 하늘에 걸려 있는 것 같다.

동천폭포

지하 삼림(곡지 삼림) 입구 근처에 있다. 폭포의 높이는 약 15미터인데 하곡은 매우 좁아 30킬로미터 안팎이다. 폭포 밑은 지하에 있는데 모양은 원통상으로 되었다.

이 폭포는 세상에서 보기 드문 폭포이다. 모든 폭포는 지상에 있으나 이 폭포만은 지하에 있어 잘 보이지는 않는다. 폭포 위에 서 있노라면 지하에서 울려오는 폭음 소리가 신비로움을 자아낸다.

천활봉에서 본 이도백하 이도백하 양 옆에 크고 작은 온천이 여러 곳 있다. 이 온천들은 마치 용무리가 물을 뿜는 것과 같다 하여 취룡온천이라고도 부른다.(옆면)

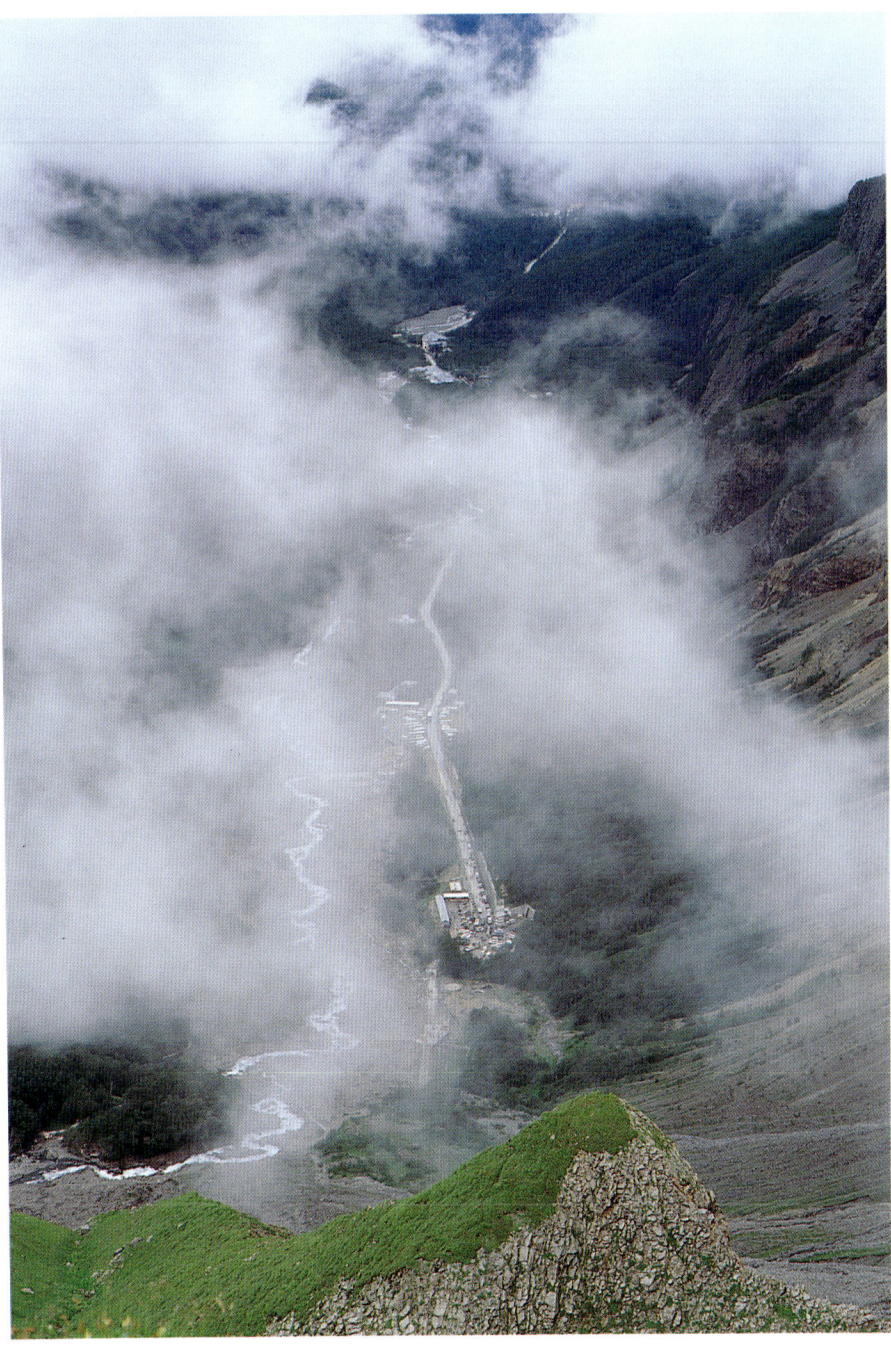

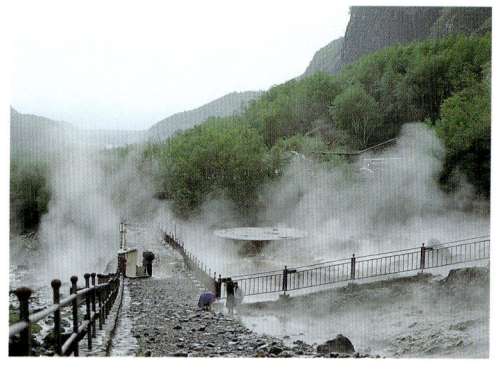

취룡천 유화 수소의 함량이 많아 질병 치료에 효과가 좋아 해마다 관광객이 늘고 있다.

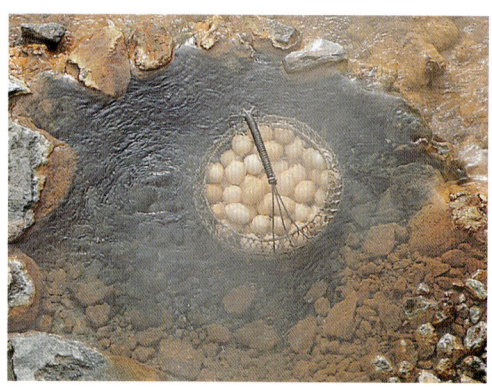

온천물에 삶는 계란 관광객들을 대상으로 온천 곳곳에는 삶은 계란을 직접 팔고 있는데 특이한 점은 노른자가 먼저 익는다는 점이다.

온천

장백온천군

　장백폭포에서 북동쪽으로 약 900미터 내려오면 낙필봉 북쪽 도석퇴 아래의 이도백하 양옆에 크고 작은 온천 13여 곳이 있다. 이 온천들은 마치 용무리가 물을 뿜는 것과 같다 하여 일명 취룡(聚龍)온천이라고도 부른다. 차지한 면적은 약 1,000 제곱미터에 달한다.

　이도백하 서쪽에 하나, 동쪽에 12개의 온천이 무리지어 사처에서 끓는

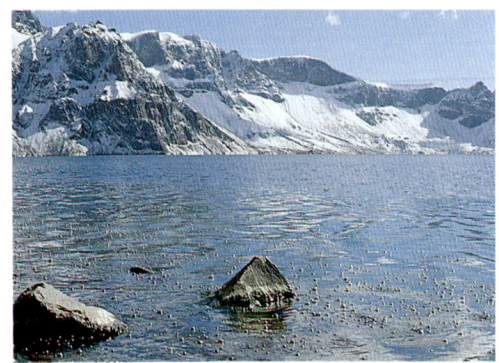

백운봉 아래 호반온천 백운봉 동쪽 호반에도 기포가 흐르는 것으로 보아 온천이 있음을 알 수 있다.

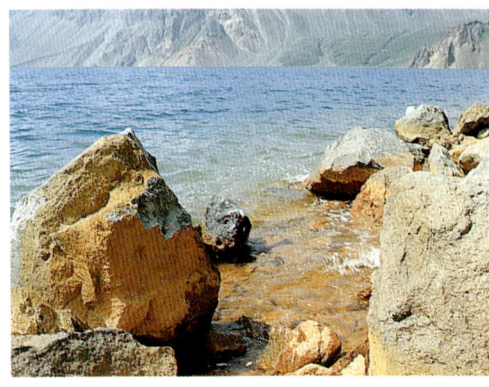

호반온천 호반온천의 바위들이 유황에 의해 붉은 빛으로 변해 있다.

물이 부글부글 솟구쳐 나온다. 그 수온이 낮은 것은 31도, 높은 것은 82도로 달걀도 익힐 수 있을 정도다.

취룡천은 유화수소의 함량이 높아 주위의 청회색 화산암을 등홍색 또는 초록색으로 물들이고 또 칼슘, 마그네슘을 함유하고 있어 피부병, 관절염, 풍습증 등 질병 치료에 효과가 좋다.

특히 겨울에 나뭇가지에 온통 눈서리꽃이 필 때면 눈 내리는 빙설 속에 김을 뿜는 온천에서 목욕하는 색다른 맛을 즐기려는 관광객들이 해마다 늘고 있다.

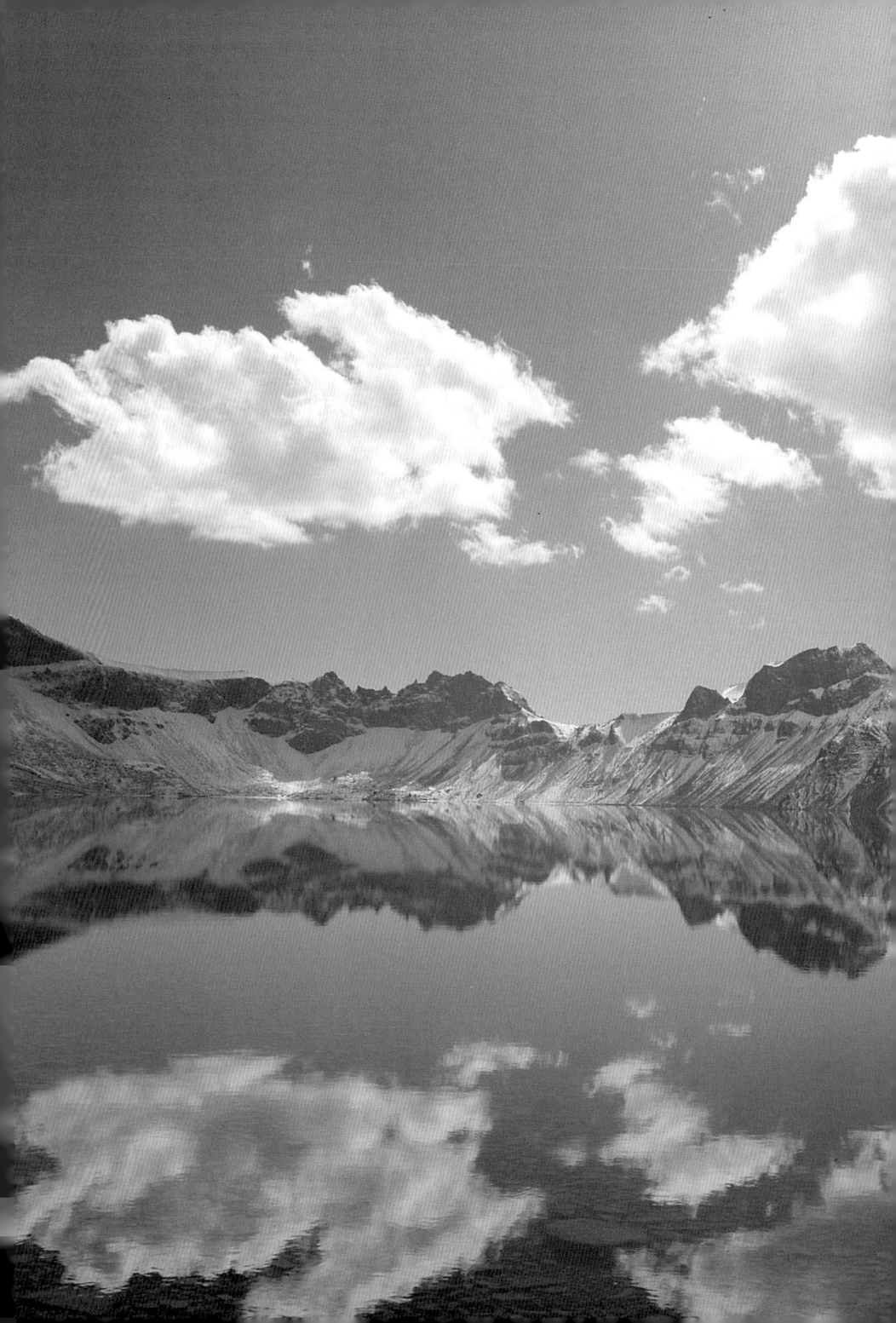

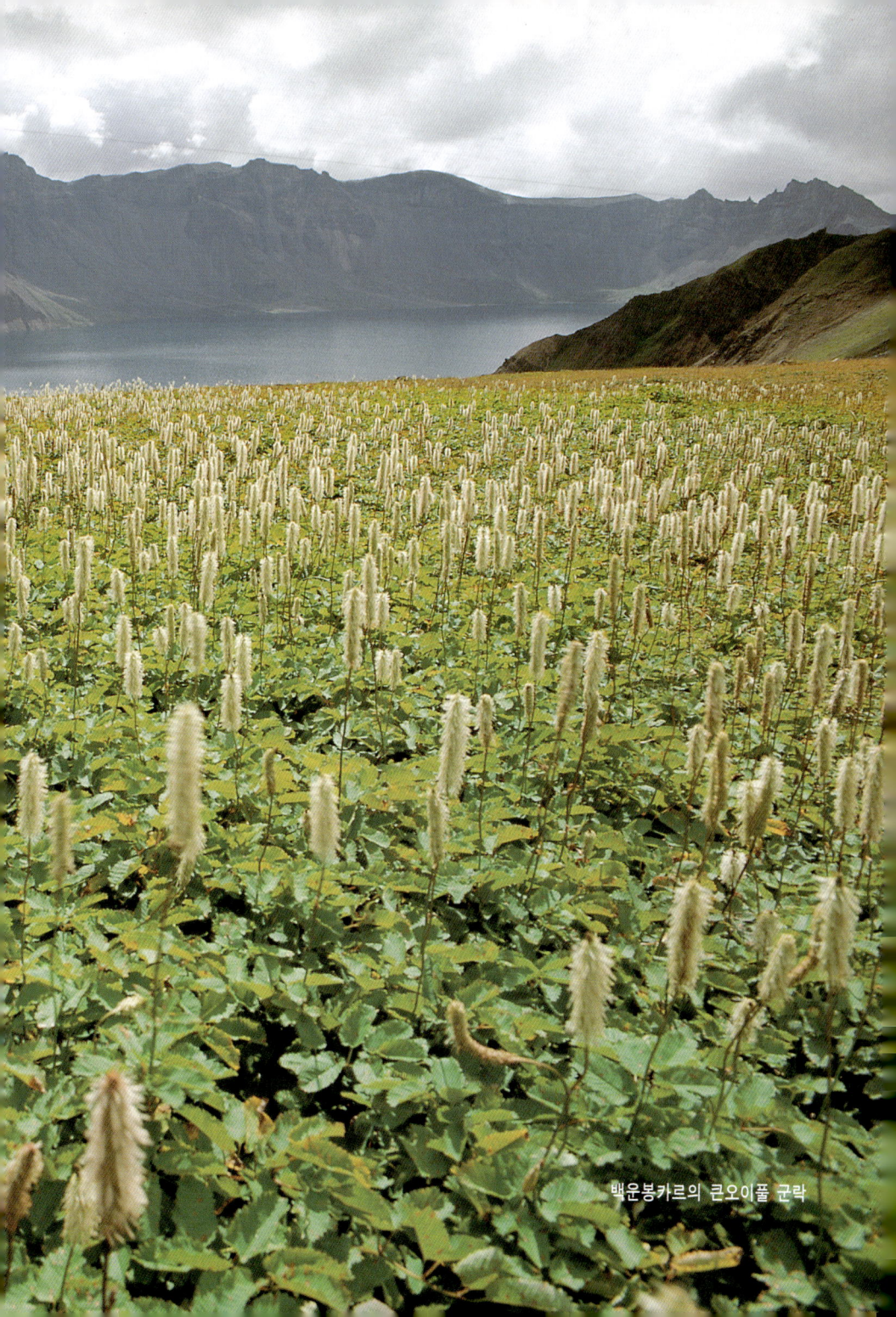

백운봉카르의 큰오이풀 군락

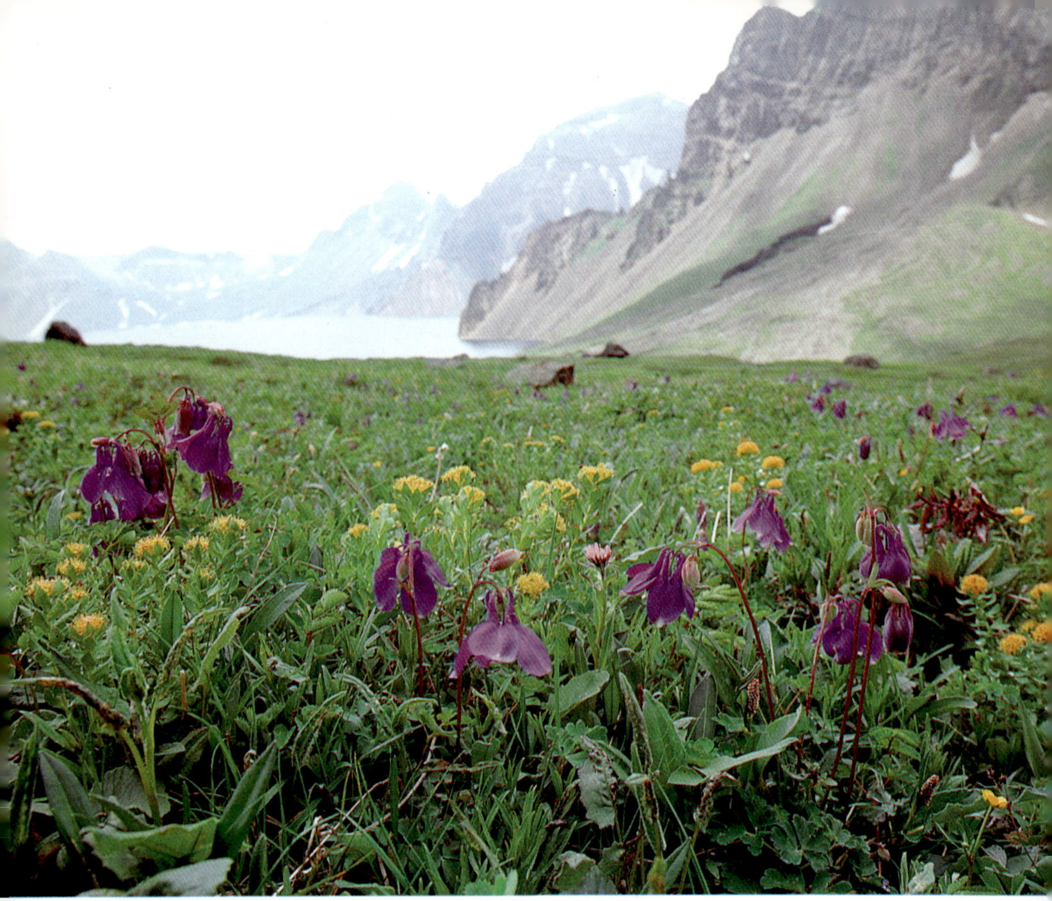

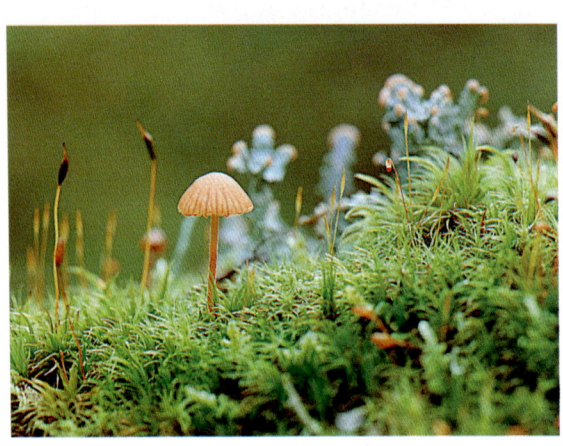

백두산 지구의 야생 식물은 온대, 한
대 식물이 다양하게 있을 뿐만 아니라
열대 식물의 잔여종도 있다. 위는 천
지 호반의 하늘매발톱 군락, 왼쪽은
애기주름버섯.

약용 식물들

장백산 지구에는 질이 좋은 약재들이 많이 난다. 조사에 의하면 인삼(人蔘), 만삼(蔓蔘), 황기(黃芪), 세신(細辛), 천마(天麻), 패모(貝母), 오미자(五味子), 홍경천(紅景天) 등 귀한 약재 875종이 난다. 그 가운데 30여 종의 약재는 세계 14개 나라와 지구에 수출하고 있다.

고산홍경천 해발 1,800미터에서 2,300미터 되는 고산 태원대의 봇나무 숲속이거나 골짜기 옆 바윗돌 부근에서 자란다. 최근 연구에 의하면 홍경천의 중요한 약효는 불리한 환경 인소에 대한 생물체의 저항력을 높여 주고 생물체의 생리적 기능을 조절하여 생명 활동을 정상 상태로 유지시키는 것이다. 이 약재로 참돌꽃 술을 만들면 술맛이 좋고 마신 뒤 머리가 가뿐하며 피로 회복에 좋다.

산삼 해발 200에서 1,000미터 사이에서 울밀도 0.7 내지 0.8 되는 산비탈의 낙엽 혼성림 또는 활엽 홍송림대에서 자란다. 산삼은 뿌리가 실하고 작은 뿌리가 많으며 줄기가 짧다. 그러나 재배하는 인삼은 뿌리가 퍽 실하나 가는 뿌리가 적고 줄기가 짧다. 근년에는 산삼씨를 채집하여 인공 재배한 이식 삼도 나오고 있다.

평패모 해발 900미터 이하의 활엽 혼성림과 침활 혼성림 속에서 자라는데 하곡, 습초원에 많다. 귀중한 약재로 근년에 채약량이 너무 많아 보호 식물로 취급되고 있다.

천마 장백 지구에 널리 분포되었는데 해발 500에서 1,400미터 사이의 침활 혼성림이거나 습한 초원에서 자란다. 천마는 바람을 제하고 경련을 멈추게 하는 귀중한 약재이다. 지난날 지나치게 많이 채약했기에 야외에서 천연 천마를 보기 힘들다.

가시오가피나무 장백산 지구에 널리 분포되어 있다. 낙엽 관목으로 높이는 약 2미터 정도이다. 이 약은 당뇨병, 풍습증, 정신분열증, 신경 쇠약, 신장 허약 등에 쓰이는데 효과가 매우 좋다.

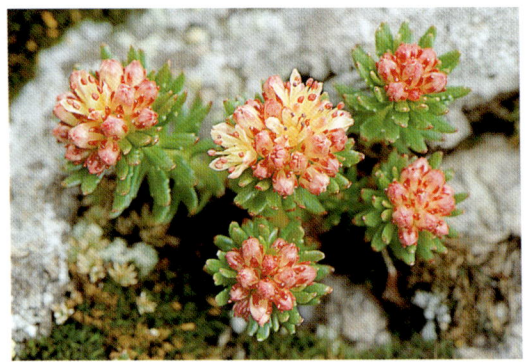

바위돌꽃

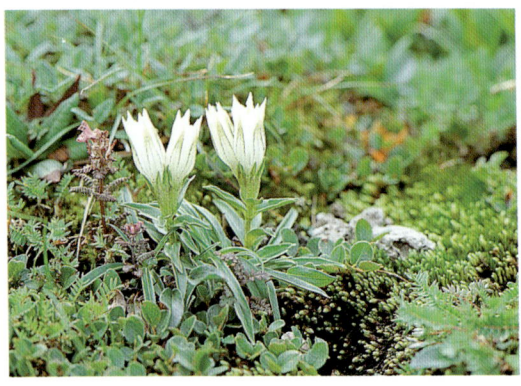

산용담

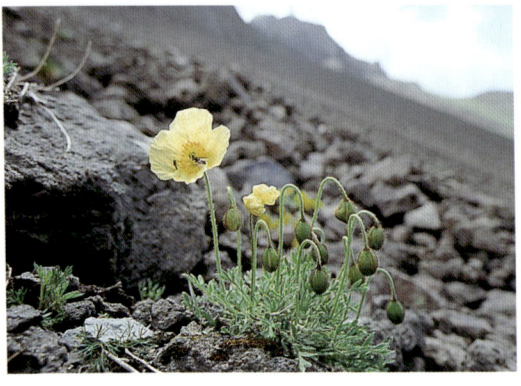

두메양귀비

오리나무더부사리 다년생 기생 초본 식물로 분포 상황을 보면 두 가지 유형이 있다. 침엽 혼성림과 떨기나무 숲속의 협곡 또는 경사가 매우 급한 벼랑에서 사는 것과 해발 1,300에서 2,000미터의 강변, 골짜기나 떨기나무 숲속의 급경사지에 사는 것이 있다. 불로초라고도 불리운다. 이 약초는 신장이 허약하여 음위가 오며 허리와 무릎이 시리고 쏘는데 좋으며 야뇨증, 불임증, 방광염, 요도 출혈, 변비에 효과가 있다.

식용 식물

백두산 지구에는 200여 종의 야생 식용 식물이 있다. 씨를 이용할 수 있는 것으로는 잣나무, 가래나무, 깸나무 등 10여 종이고 과실을 쓸 수 있는 것으로는 찔괭이나무, 야광나무, 산포도, 들쭉 등 10여 종이고 채소로 이용되는 식물은 고비, 고사리, 미나리 등 30여 종이며 이용할 수 있는 진균으로는 100여 종 된다.

고비 다년생 초본 식물로 해발 200에서 1,100미터의 소림(疏林), 소택지의 습한 초원에서 자란다.

고사리 다년생 초본 식물로 높이가 1미터 정도 된다. 장백산 지구에서는 해발 200에서 1,500미터의 소림, 황지, 목재 채벌지에서 자란다.

두릅나무 낙엽 활엽 관목 혹은 작은 교목인데 키는 6미터이고 나무 지름은 9센티미터 안팎이다. 백두산 지구에서 해발 300에서 1,000미터 사이의 활엽 혼성림, 활엽 홍송림이거나 관목림 속에서 자란다.

참나무버섯 참나무버섯은 참나무, 느릅나무, 오리나무 등 활엽수가 썩은 데서 자란다. 지금은 균종을 배양하여 마른 참나무에 접종시킨다.

노루꽁댕이 이 버섯은 참나무, 호두나무 등 활엽수의 상한 곳이거나 썩은 자리에서 많이 자란다. 색깔은 처음 생생할 때에 마치 노루궁둥이처럼 희기에 노루꽁댕이라고 부른다. 조금 마르면 연한 누른색을 띠고 더 마르면 끝 부분은 진한 갈색으로 변하고 다른 부분은 연한 갈색으로 변한다.

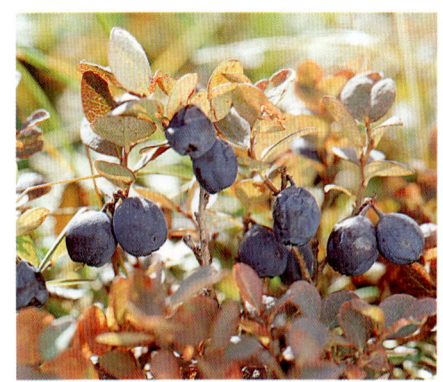

들쭉나무

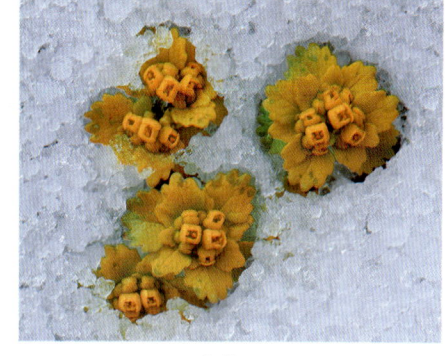

괭이눈

그 밖의 유용 식물

이 지역에는 산포도, 들쭉, 참댕댕이나무, 찔광나무, 오미자 등 40여 종의 음료 식물이 있다. 이런 원료를 이용하여 10여 종의 음료를 만들어 여러 나라에 수출하고 있다.

따들쭉　침엽수림, 산비탈, 고산 지대에 집중되어 생장하는데 백두산 태원대(이끼대)에 많다. 6, 7월에 꽃이 피고 8월이나 9월 초에 가서 열매가 성숙된다. 열매는 생식할 수도 있거니와 훌륭한 술 원료가 된다. 열매에는 함질소물, 지방도 있고 전화당 5.98퍼센트, 설탕 0.69퍼센트여서 맛이 아주 좋다. 씨에는 건성유 30퍼센트가 함유되어 있으므로 기름을 짤 수 있다.

들쭉나무　수림 사이의 습지거나 나무가 드문 데서 잘 자란다. 조사에 의하면 백두산 동쪽 해발 1,000미터 정도에 많이 분포되어 있다. 들쭉을 원료로 하여 술을 만들면 맛이 아주 좋다. 또 백두산 지역에는 밀원(蜜源) 식물이 많고 자원이 풍부하며 양봉업을 발전시킬 수 있는 튼튼한 토대가 된다. 밀원 식물로는 달피나무, 찰피나무, 싸리 등 280여 종이 있다.

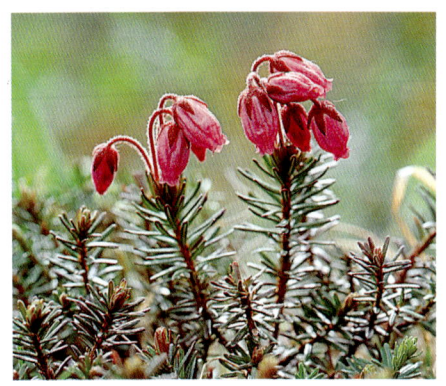

가솔송

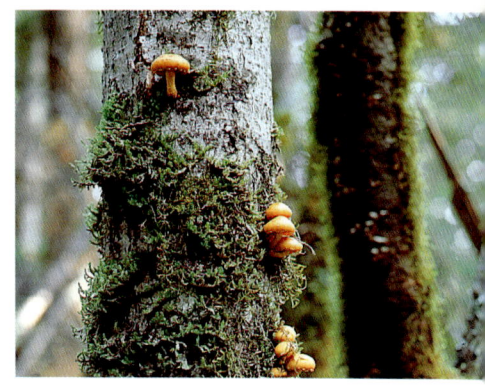

팽나무버섯

미인송

　이도백하 마을 부근에 유람객들의 인기를 모으는 미인송숲(송풍라월)이 있다. 미인송은 '장백송' 또는 '백적송'이라고도 부르는데 수간이 붉은색이고 늠름하고 곧게 뻗었고 아치가 위에서 확 퍼져 소나무 중의 미인으로 장백산의 특유하고 진귀한 소나무로 평가된다.

　이 나무에 대해서 다음과 같은 전설이 있어 '송풍라월'이라 불리운다.

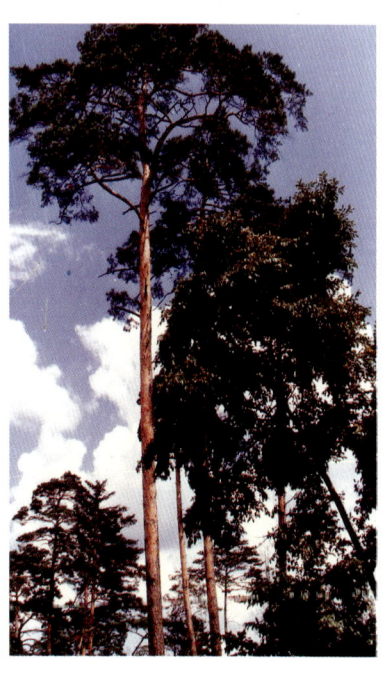

미인송 사진 제공 심혜숙.(오른쪽)

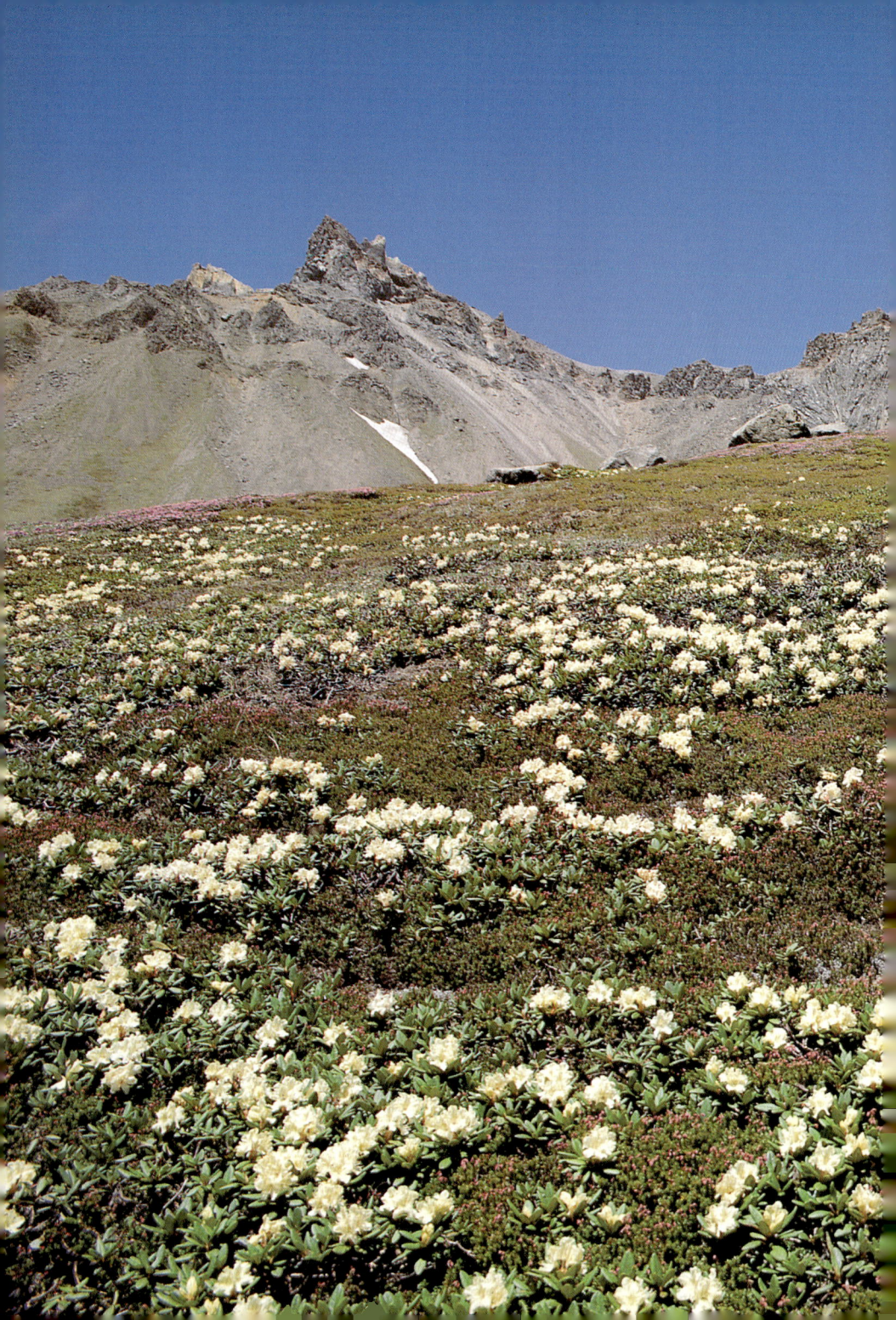

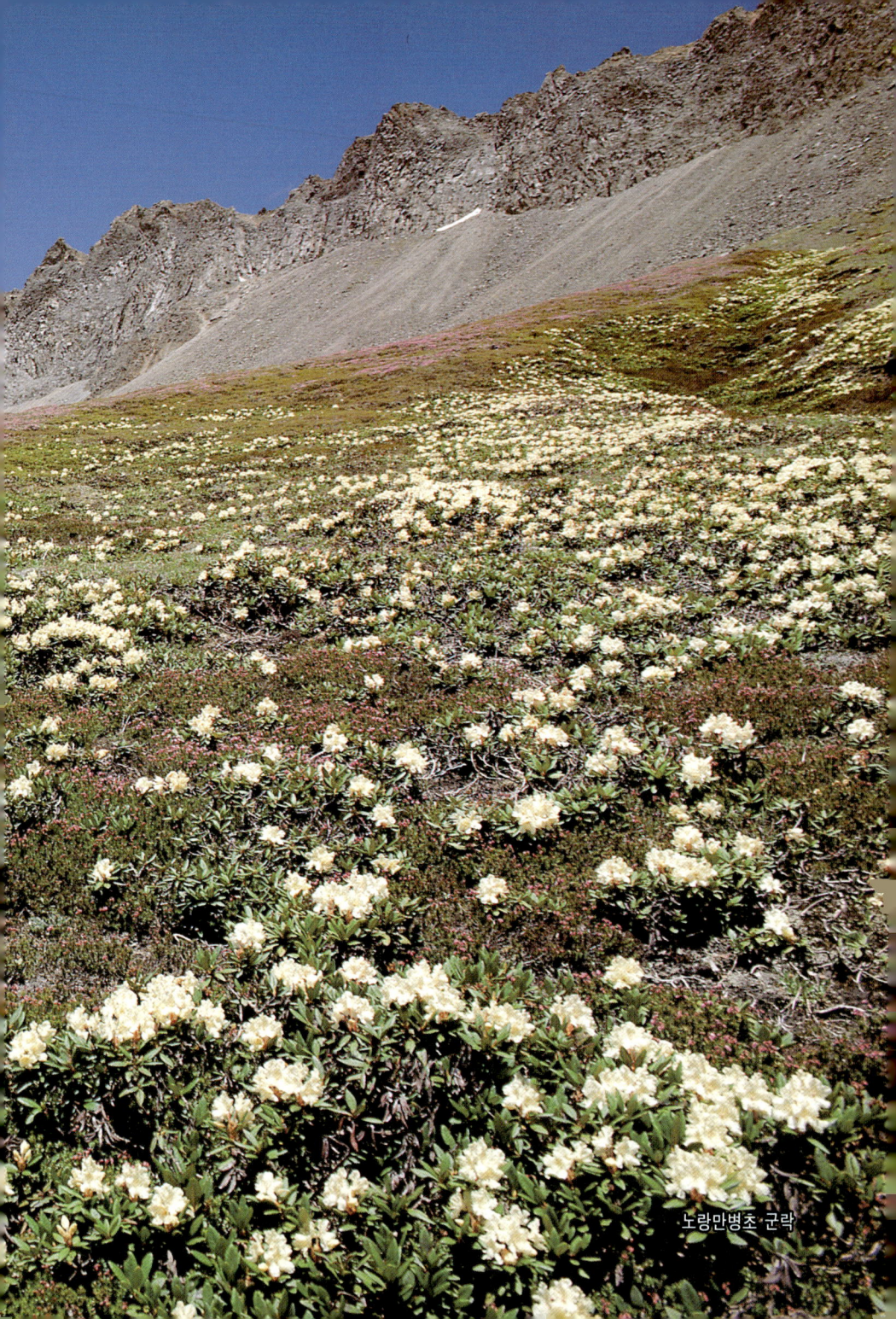

노랑만병초 군락

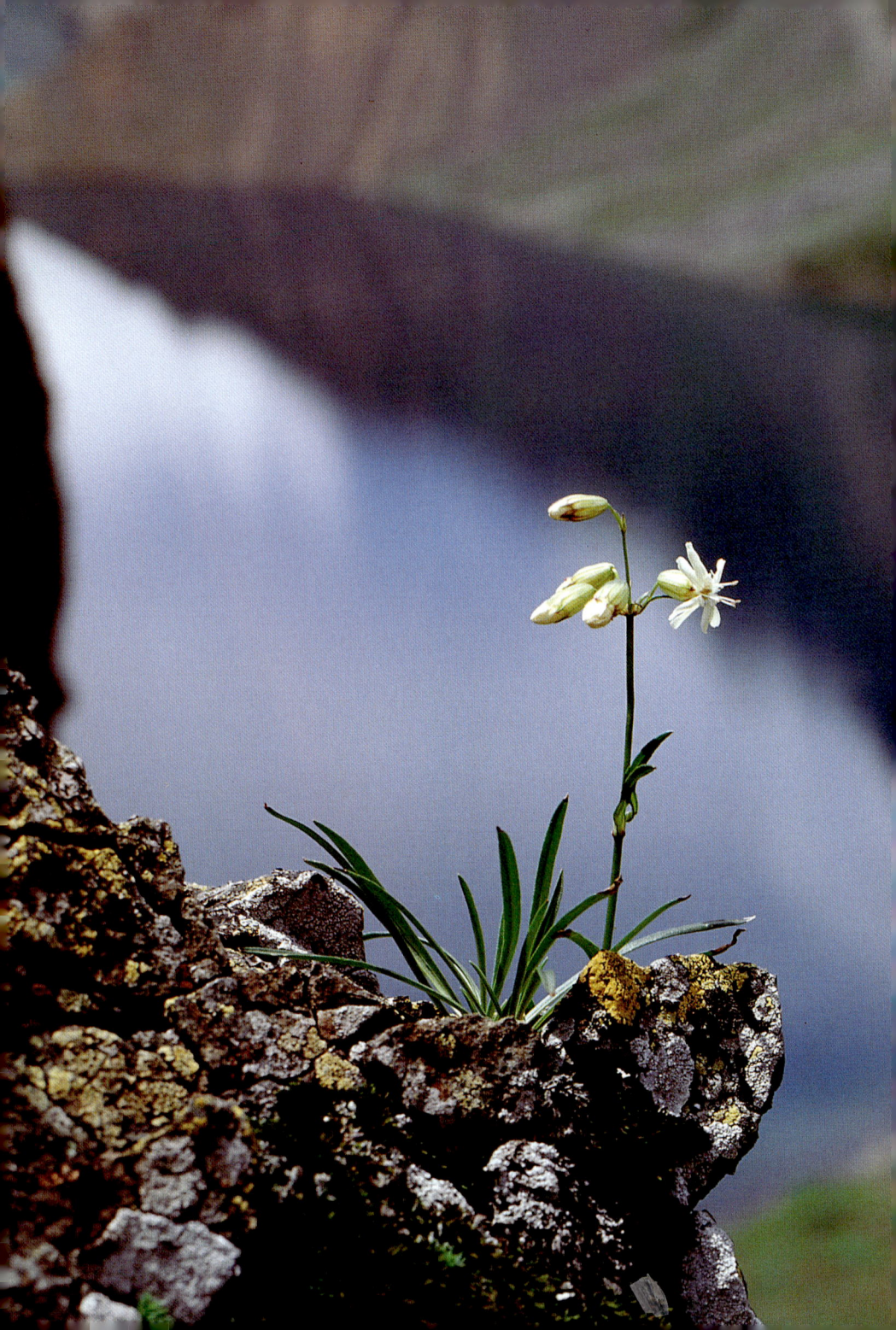

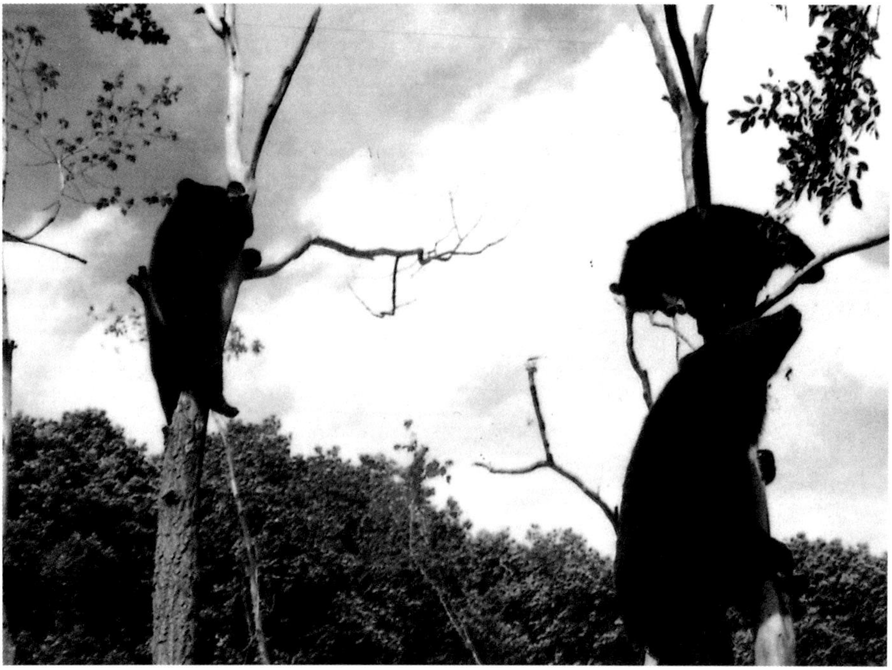

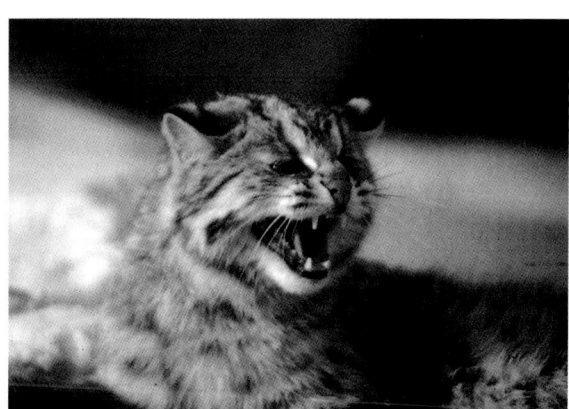

곰 백두산에는 검은 곰
이 많다. 체형은 크고 비
대하며 사지는 짧고 실
하다. 사진 제공 심혜
숙.(위)

살쾡이 고양이과의 산
짐승으로 몸이 좀 크며
갈색에 흑갈색의 줄무늬
가 있다. 성질이 매우 사
납다. 사진 제공 심혜
숙.(왼쪽)

이다. 그러나 겨울에는 털이 밀집되고 회갈색을 띠나 입과 아래턱만은 흑갈색이다. 여름에는 털 색깔이 약간 변한다. 털은 짧고 적갈색을 띠나 입과 사지 안쪽의 털만은 회색을 띤다.

사향 사향은 사부, 향장, 장자, 납석자라고도 한다. 체형은 작아 몸 길이가 65에서 95센티미터이고 체중은 10킬로그램 정도이다. 귀는 길고 수직 상태이고 눈은 크다. 뿌리는 없고 꼬리는 짧고 다리는 길고 약하다. 털은 심갈색인데 복부의 털은 짧고 등에 난 털은 길다. 아래턱에는 흰 털이 나고 경부 양쪽의 흰 털은 어깨까지 연장되어 백색 무늬를 이루었다. 수컷의 두 다리 사이에는 사향선이 있어 사향을 분비한다. 생장 환경을 보면 암석층이 있는 침·활엽 혼성림, 침엽림 지역에서 나무, 잎, 잡초, 이끼, 산열매 등을 먹는다. 백두산 일대가 개발되지 않았을 때는 사향이 적지 않았으나 지금은 멸종 지경에 이르고 있다.

백두산 이야기

천지 전설

백두산 일대에 오붓한 마을들이 농사를 지으면서 행복하게 살고 있었다. 하루는 하늘에서 심술 사나운 검은 용이 나타나 이골저골의 물곬을 지져 놓아 곡식이 노랗게 말라 들었다. 백성들은 큰 가뭄과 싸우기 위하여 백가라는 장수를 모시고 낮과 밤을 이어가며 샘물 줄기를 찾았다. 며칠 뒤 마침내 콸콸 솟구쳐 오르는 샘물 줄기를 찾고 사람들은 기뻐하며 헤어졌다. 그들이 집으로 돌아가자 검은 용은 뒷산 벼랑을 무너뜨리고 광풍을 일으켜 정성 들여 찾아낸 물줄기를 돌산으로 만들었다. 사람들은 살길을 찾아 타향으로 떠나기 시작하였다.

백 장수는 바위에 주저앉아 '아아 이를 어찌하노' 하며 머리를 싸 쥐었다. 이때 그의 앞에 아리따운 공주가 나타났다. 백 장수는 허리를 굽혀 절하면서 "이곳은 위험하오니 공주님은 빨리 피하소서"라고 하였다. 공주는 부드러운 목소리로 "지난 밤 꿈에 하늘에서 오신 신선님이 말씀하기를 '지금 이 일대에 큰 가뭄이 들었노라 백 장수가 백성들을 거느리고 물줄기를 찾고 있으나 힘이 약하여 검은 용을 당할 수 없으니 백두산 옥장천의 샘물을 석달 열흘을 마시라 이르시오' 하셨소"라고 말하였다.

　백 장수가 "공주님 고맙소이다. 소인에게 옥장천을 알려 주기 바라나이다" 하자 공주는 "우리 함께 가사이다" 하면서 옥장천에 이르렀다. 백장수는 벼랑 밑에서 나오는 옥같은 샘물을 쉴새없이 마셨다. 과연 석달 아흐레 동안 마시고 나니 힘이 마구 솟구쳤다. 그날 저녁에 공주가 왔다. 백 장수는 너무도 반가워서 그의 손을 덥썩 잡았다. 이튿날까지 옥장천의 샘물을 마신 장수는 백두산 마루에 올라가서 삽으로 땅을 파기 시작하였다. 삽이 얼마나 컸던지 한 삽을 파내어 던지면 하나의 산봉우리가 되었고 마침내 움푹하게 패인 밑바닥에서는 지하수가 강물마냥 솟구쳐 올랐다.

　동해에 나가서 용왕의 딸을 희롱하던 검은 용은 백두산에서 큰물이 나

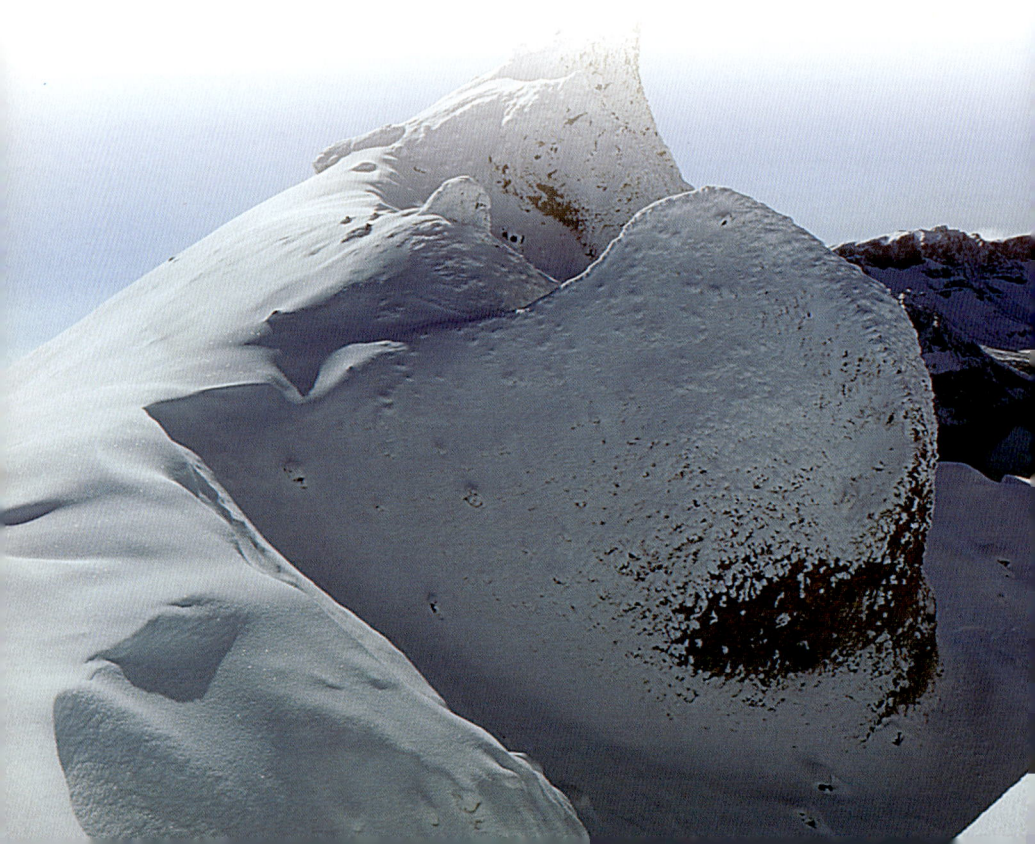

왔다는 급보를 듣고 단숨에 날아왔다. "웬 놈이 물줄기를 터트렸느냐. 내 칼을 받아라!" 검은 용은 불칼을 휘두르고 백 장수는 구름을 타고 만근도를 휘두르며 응전하였다. 그들의 싸움은 좀처럼 승부가 나지 않았다. 그들이 싸움에 여념이 없을 때 공주는 검은 용에게 단검을 던졌다. 이때 백 장수는 기회를 놓치지 않고 만근도로 검은 용의 불칼을 힘껏 쳤다. '쟁강' 하는 소리와 함께 불칼은 끊어져 땅에 떨어졌다. 더는 버틸 수 없게 된 검은 용은 동해로 도망치고 말았다. 검은 용을 이기고 백 장수와 공주가 다시 만났을 때 파낸 구덩이에는 물이 꽉 차서 넘실거렸다. 이것이 지금의 천지이다. 백 장수와 공주는 검은 용이 다시는 물줄기를 건드리지 못하게 하기 위하여 천지 속에 수정궁을 지어 놓고 재미있게 살았다고 한다.

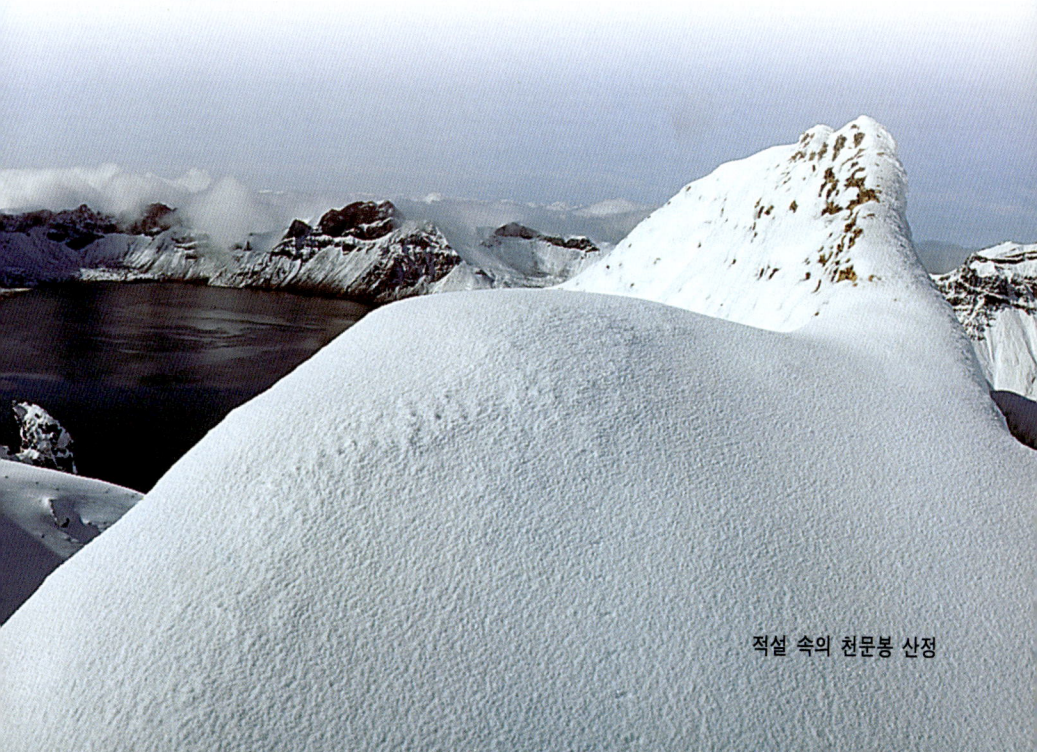

적설 속의 천문봉 산정

종덕사에 깃든 이야기

종덕사의 옛터는 백두산 천활봉 기슭의 천지 북부 편평한 바위 위에 자리하고 있다. 집 모양이 팔각형으로 되었다 하여 팔괘묘(八挂廟)라고도 한다.

『안도현문물지』에 의하면 그 면적은 약 200평방미터 남짓하고 절당 벽은 3겹으로 되어 있고 안에는 8개의 방석돌이 놓여 있었고 복판에는 2개의 목패가 세워져 있었다. 북쪽에는 온돌 침실방이 있었다고 한다.

1954년 7월 백두산 야외 답사 때에 백두산 녹명봉을 지나 석하를 타고 산기슭에 내려서 승사하를 건너 상대 높이 약 50미터 되는 바위에 오르니 종덕사가 보였다. 저마다 뛰어들어가 복도를 거닐면서 양켠에 흰 백지에 내리쓴 붓글씨를 보았다. 그때 나는 박규찬 총장님께서 들려 준 종덕사의

팔괘묘 종덕사터 지금 종덕사 터에는 남은 옛 집 재목이 널려 있을 뿐이다.

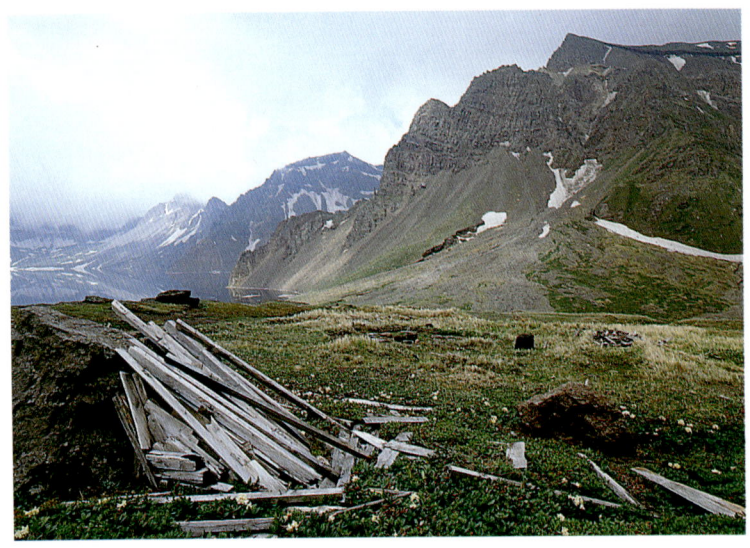

이야기를 생각했다.

과연 혼자의 몸으로도 오르기 힘든 이 천지 가에서 나무를 구하려면 1시간도 더 걸어 산 아래로 내려가야 하는데 이 절을 지은 분들은 기적을 창조했다고 찬탄하게 되었다.

1943년 8월이었다. 일본인들은 백두산에 요양소를 지으려고 생물학자, 의학자, 지리 · 지질학자들로 구성된 대형 탐사대를 파견했다. 그 가운데 조선 사람은 2명뿐이었는데 한 분은 바로 연변대학 박규찬 총장님이었다(당시 용정광명중학 지리교원).

탐사대가 이도백하를 지나고 내두산을 지나 당시 노랑포(지금의 황성포)라는 곳에 이르렀을 때 마을에서 어떤 60, 70세 정도 되는 노인이 등짐을 지고 지팡이를 짚고 걸어나왔다. 탐사 대장은 노인이 어디로 가는가 하고 통역을 시켜 알아본즉 백두산 천지로 간다는 것이었다. 그리하여 그 노인을 길 안내자로 삼게 되었다.

장백폭포가에 이르러 천막을 치고 밤을 지내게 되었다. 노인은 8월의 밝은 달을 쳐다보며 한숨만 길게 내뿜었다. 노인에게 "어찌하여 노인은 천지를 찾아오십니까?" 하고 물었더니 "나는 이 고장에서 오랫동안 강도질을 했소. 그러다가 50세 되는 해에 '아, 내가……왜?' 하는 생각이 들어 내두산 큰 절에 가서 속죄를 구한즉 큰스님이 말씀하시기를 여기서 서남쪽으로 물길을 따라 거슬러 올라가면 산정에 큰 늪이 있는데 그 늪가에다 절을 짓고 여생을 빌어야 속죄가 된다는 것이었소.

그때부터 같은 벌을 받은 두 젊은이와 함께 먼저 그 높은 절벽에 발붙일 홈을 파서 길을 닦고 산림이 있는 곳까지 내려와서 나무를 베고 흙을 등에 져 올리고 해서 절당에 온돌방까지 다 짓고 나니 3년이란 시간이 걸렸소. 너무도 기뻐서 낙성식을 하고 잘 먹고 마시고 한잠 자고나니 그만 웬일인지 불이 나서 절당은 무너져 버렸소. 두 젊은이는 지은 죄가 벗겨졌다고 가

버리고 나 홀로 남았는데 가슴을 뜯고 통곡하던 끝에 다시 절을 짓기로 작정하고 사람들을 시켜 지금의 절을 짓고 빌면서 속죄하였소.

그러던 어느 날 황성포에 내려가 여편네와 아들을 찾으니 여편네는 도망가 버렸고 아들은 아홉 살인데 이집저집 다니면서 동냥살이를 하고 있었소. 이때부터 아들을 천지 종덕사에 데려다가 함께 살았소.

어느 하루 저녁에 나간 애가 들어오지 않아 웬일인지 나가 본즉 애가 간 곳이 없었소. 어쩌면 죄가 커서 하늘에 사무쳤던지 후대에까지도 천벌이 내렸는가? 하면서 이날 이때까지 아들을 찾아 헤매고 다니오. 이번에도 간밤 꿈에 아들이 천지 절간에 와서 문을 두드리기에 오늘 또 찾아 나섰소" 하면서 긴 한숨을 쉬었다.

이상의 실화와 『안도현문물지』에서 나오는 종덕사 유적 소개 자료의 패문에 나온 최시현 씨가 이 노인이 아닐까? 패를 세운 때는 1928년인데 이 집을 시작한 지는 그보다 더 일찍이었으리라 짐작된다.

1954년 7월에 본 종덕사는 널판지가 완전히 붙여진 팔괘묘였다. 지면에서 약 50센티미터 들려 있고 남북쪽으로 정문과 뒷문이 서로 통했고 두 겹 널벽 사이는 복도였다.

당시 복도 양벽에는 흰 종이에 내리쓴 붓글씨 폭이 빼곡히 붙어 있었다. 그 내벽에 우리들도 서명을 남겼다. 절당 한복판에는 8개의 돌기둥이 박혀 있었다. 정면 문 위에 '백두산 종덕사'라는 명판이 가로 붙어 있었고 정문 양쪽에 패문이 세로로 붙어 있었다.

『안도현문물지』에서 소개된 패문의 입패 시기는 1928년 4월 5일이었고 이것은 최시현 씨의 공덕을 기념하여 세운 패문이었다. 종덕사는 남북 길이와 동서 너비가 약 9.3미터의 정팔각형이고 중심부 높이는 약 5.5미터로 계산된다.

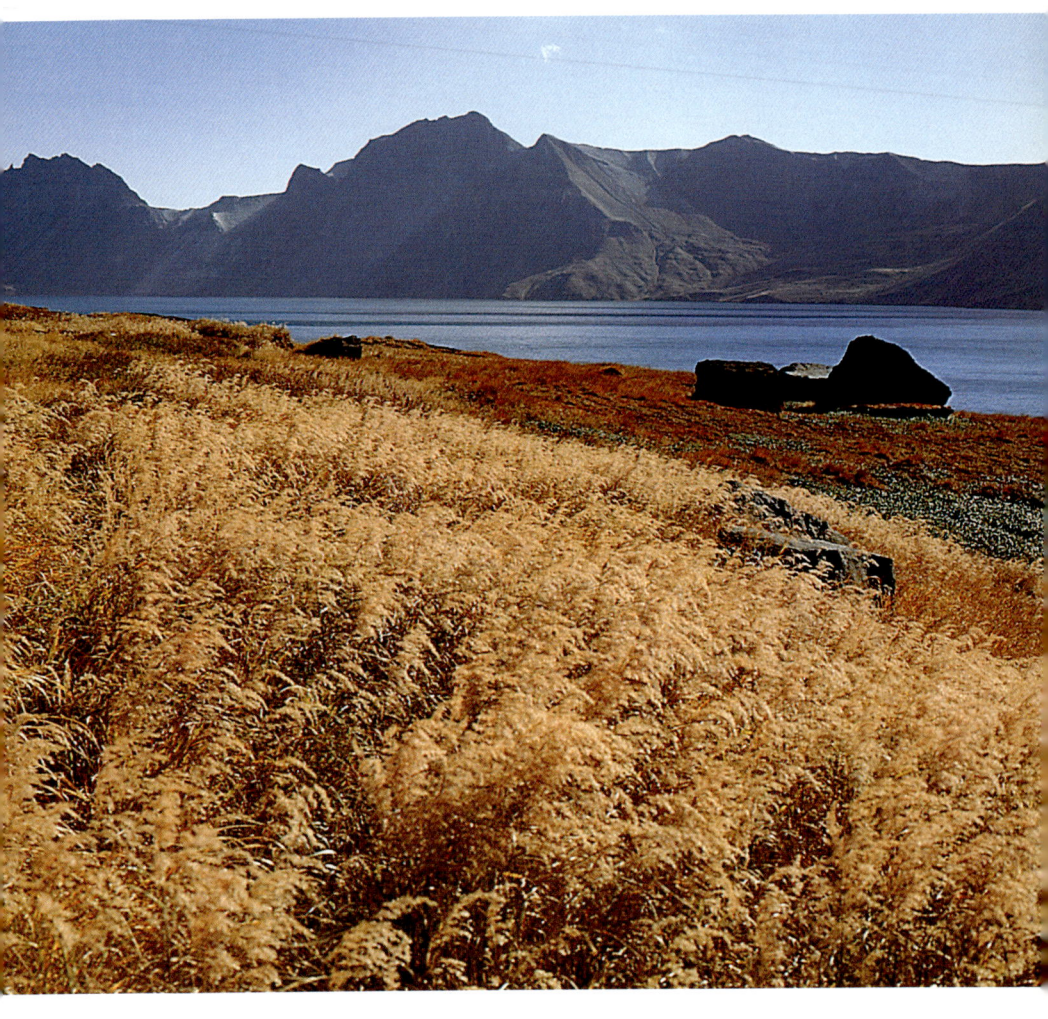

종덕사 옛터에서 바라본 천지 종덕사의 옛터는 백두산 천활봉 기슭의 천지 북부 편평한 바위 위에 자리하고 있다. 1950년대만 해도 건물의 형체가 있었으나 돌보는 이가 없어 현재는 널판지들이 널려 있는 상태이다.

백운봉 전설

옛날 백두산 기슭 한 마을에 어머니를 모시고 살아가는 효자가 있었다. 이들은 힘들게 일해도 살림살이는 해마다 못해갔다. 그러던 중 집안의 기둥으로 모셔오던 어머니마저 불치의 병에 걸려 눕게 되었다. 아들은 걱정 끝에 마을 좌상 노인을 찾아가서 무슨 방법이 없는가고 물었다. 노인은 "백두산 높은 봉에 눈처럼 희고 얼음처럼 찬 약이 있는데 이 약은 전하는 말에 의하면 효자의 눈에만 보인다던데 네가 진짜 효자라면 너는 얻어올 것이다"라고 알려 주었다.

이 말을 들은 아들은 어머니에게 말씀드리니 어머니는 "너는 가문의 3대 독자인데 백두산은 험하고 맹수가 많으니 절대 못 간다"고 하시면서 아들의 손을 꽉 잡았다. 그러나 아들의 지극한 마음을 돌릴 수는 없었다. 아들은 어머니를 이웃 사람들에게 부탁하고 백두산을 향해 산을 넘고 강을 건너 가고 또 가는데 호랑이가 앞길을 막아섰다. 힘으로는 어쩔 수 없는 호랑이이지만 효자는 어머니의 약을 구하러 가는 길이니 제발 비켜달라고 사정을 했다. 그랬더니 호랑이는 숲속으로 슬그머니 사라졌다. 효자는 길을 서둘러 마침내 백두산 밑에 이르렀다.

하늘을 찌를 듯한 산봉우리들이 허리에 구름을 끼고 장엄히 서 있었다. 그는 노인 말대로 흰얼음산에 올라 명약을 찾았다. 뾰죽이 솟아 있는 고상한 바위 밑에 은빛이 유난히 반짝이는 것을 보고 그 곳으로 다가갔다. 눈처럼 희고 얼음처럼 맑고 찬것인데 약냄새를 풍기고 있었다. 효자는 두 손으로 움켜 쥐고 뜯으면서 연신 고맙다고 절을 했다. 마을에 돌아온 효자는 노인께 약을 보여 확인을 받고 급히 다려서 어머니에게 대접했다. 며칠 지나지 않아 어머니의 병은 씻은듯이 나았다.

이 소문이 사방에 퍼지자 같은 마을에 살던 욕심 많은 부자가 "나도 60이 넘었는데…… 그 약을 수레로 캐 오면 돈방석에 올라앉아 자손만대

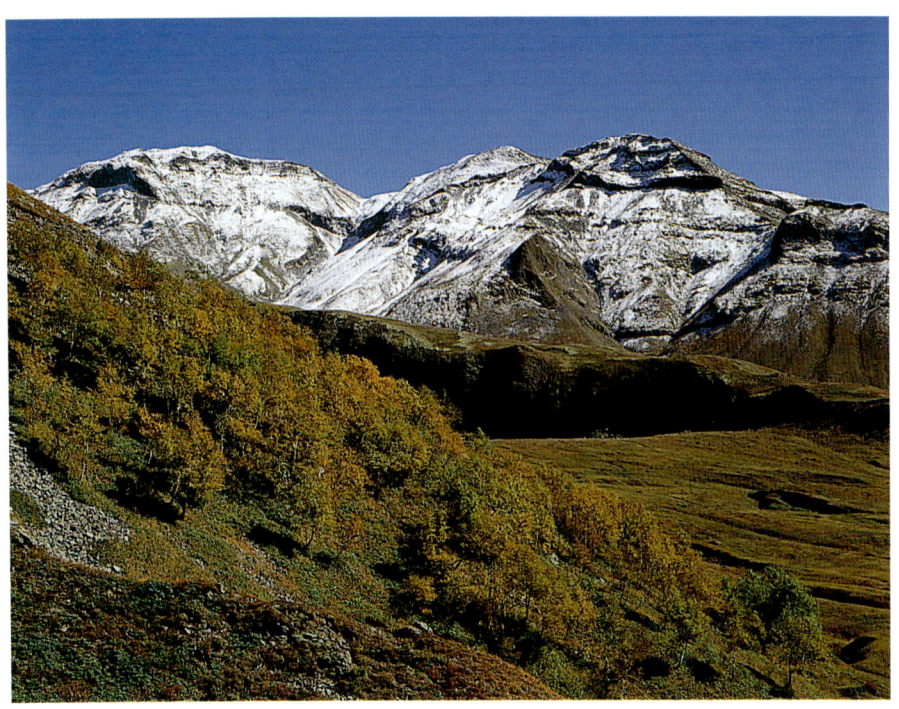

백운봉의 뒷모습 산봉우리가 늘 구름에 덮여 있어 백운봉이라 불렀다 한다.

부귀영화를 누릴 터인데……' 하는 생각에 사로잡혔다.

부자는 그날로 건장한 청년 일곱 명을 뽑아 백두산에 가서 그 약을 캐오면 자손만대 복을 누리게 해주겠다고 선포했다. 청년들은 툴툴거렸다. '자손만대? 옛말이면 듣기나 좋지!' 그러나 그들은 떠날 수밖에 없었다. 한 달이 지나서 일곱 명 가운데 두 사람이 겨우 살아 돌아와 경과를 이야기했다. 가다가 호랑이와 구렁이 무리들을 만나 싸우고 나면 두 사람씩 없어지고 남은 세 사람이 산봉우리에 올랐는데 구름이 폭 끼어 옆에서 귀뺨을 때려도 알 수 없을 정도로 보이지 않아서 찾지 못하고 내려왔다고 했다.

부자는 기가 막혀서 고래고래 소리쳤다. 부자는 행여나 해서 이듬해 장정들을 보내도 여전히 그 산봉우리는 구름에 덮여 있었다.

그 때부터 사람들은 이 산봉우리를 백운봉이라 불렀다 한다.

악화폭포 전설

천문봉 북쪽에는 산골짜기를 따라 왕사스래림대가 있다. 이 삼림 속에 들어서면 우렁찬 폭포 소리가 들려온다. 이 폭포가 바로 선녀폭포이다. 사람들의 발자국이 별로 닿지 않는 이 폭포의 높이는 약 50미터이다. 한 줄기로 내리던 폭포는 절반 쯤 되는 곳에서 불쑥 솟은 바위에 부딪쳐서 억만 개의 물구슬을 흩날리면서 떨어진다. 멀리서 보면 마치 하얀 치맛자락이 바위에 걸려 바람에 나부끼는 것만 같다.

옛날 옛적에 이 고장은 하늘의 선녀들이 내려와 노는 아름다운 놀이터였다. 선녀들은 꽃도 따고 새소리도 들으면서 지상이 살기 좋다고 노래까지 지어 불렀다. 그들의 노래소리를 들은 옥황상제는 신하를 시켜 선녀들을 불러들였다. 백두산에 재미 붙인 선녀들은 또 기회를 타서 지상에 내려왔다. 이 일을 안 옥황상제는 크게 노하며 구름신을 불러 선녀들의 놀이터에 소나기를 퍼부어서 혼을 내라고 했다.

명령이 떨어지자 희희낙락하게 놀던 선녀들은 갑자기 쏟아지는 소나기와 광풍에 어찌할 바를 몰랐다. 선녀들의 놀이터는 눈깜짝할 사이에 황폐해졌다. 불시에 홍수가 난 것이다. 선녀들은 홍수에 휘감겨 물에 빠졌다. 수영을 못하는 선녀들은 둔덕 위에서 발을 동동 굴렀다. 이때 꽃사슴 한 마리가 물에 빠진 선녀를 향해 헤엄쳐 갔다. 선녀는 꽃사슴의 목을 끌어 안고 겨우 사슴의 등허리에 올라탔다. 꽃사슴은 사뿐히 물결을 헤가르고 둔덕으로 헤엄쳐 왔다.

그런데 이 일을 어쩐담.그 선녀의 치마가 없어졌다. 선녀는 하늘로 날아

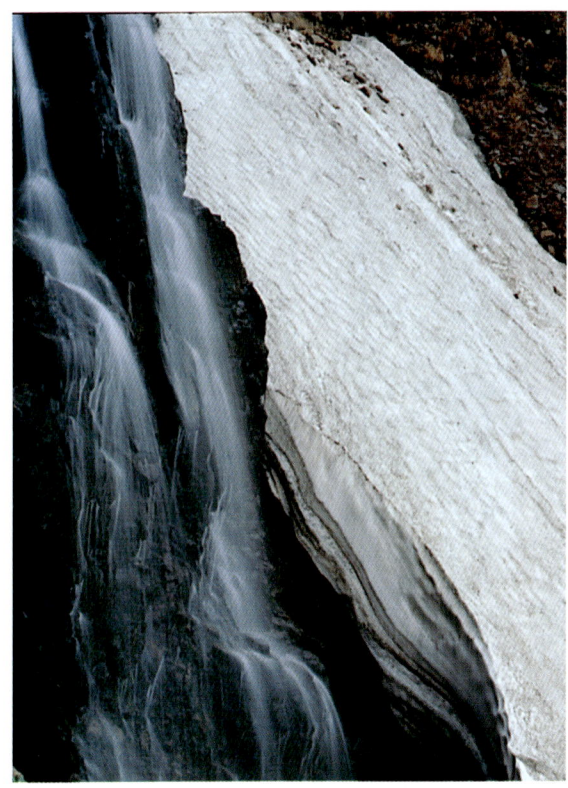

잔설과 어우러진 폭포 잔설과 어우러진 폭포의 모습은 백두산 곳곳에서 장관을 이루고 있다.

올라갈 수가 없게 되자 걱정하였다. 다른 한 선녀가 하늘로 날아가더니 치마를 가져왔다. 그리하여 그들은 함께 하늘로 올라가게 되었고 선녀의 치마는 물살을 타고 떠내려 가다가 악화나무에 걸렸다. 아우성 치면서 흐르던 산 홍수도 선녀의 치마폭을 타고 넓게 퍼졌다. 물줄기는 마치 선녀의 치마같은 폭포로 되었다 하여 선녀폭포라고 하며 또는 악화림 속에 있다 하여 악화폭포라고도 한다.

백두산으로 가는 길

한국에서 연길로 가는 길

항공편

김포−북경−연길−심양−김포 : 이 노선에서는 김포에서 떠나 북경에 도착하여 북경 관광을 마친 뒤 연길에 도착한다.

김포−심양−연길−북경−김포 : 이 노선은 시간상으로 배편에 비하여 5일 정도 여유가 있으나 경제적으로는 약 2배의 금액이 소요된다.

김포−대련(大連)−연길−대련−김포 : 이 노선은 위의 노선에 비해 항공 요금은 비슷하나 시간상 약 2시간이 더 걸린다.

김포−심양−연길−심양−김포 : 이 노선은 노선에 비해 시간상으로 2시간 정도 늦고 경제적으로는 약간 더 든다.

배편과 기차편

인천(배)→대련(기차)→연길(기차)→대련(배)→인천 : 가장 경제적인 노선으로 항공편의 절반이 드나 시간상에서 5일 정도 지체된다.

안도현에서 백두산 가는 길(옆면)

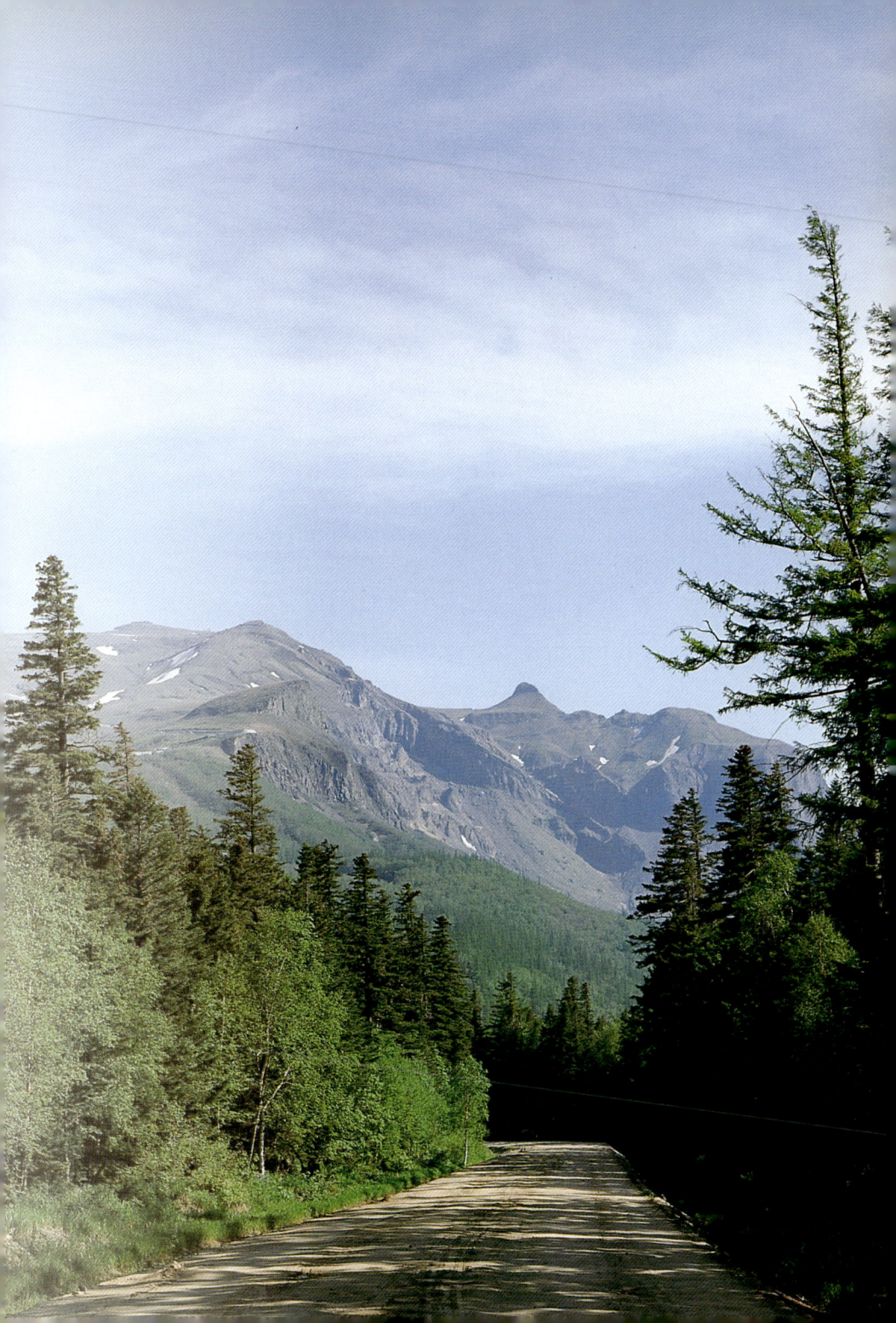

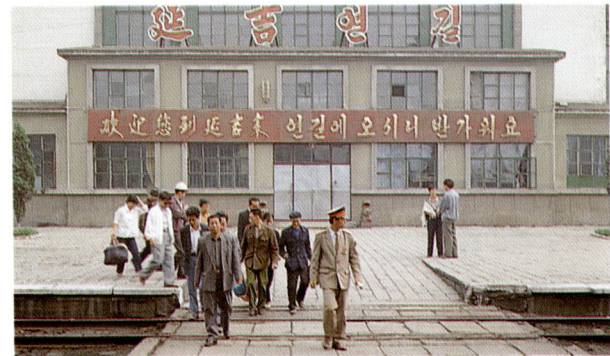

연길역

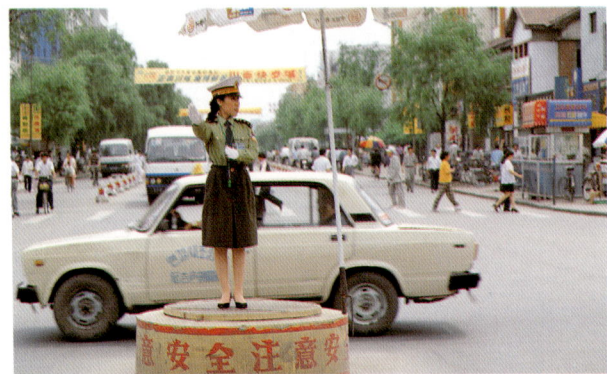

연길 시내

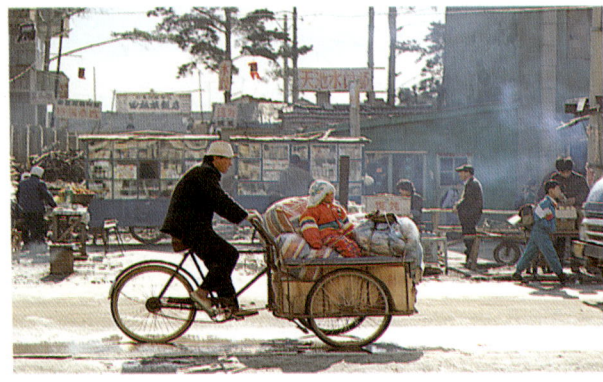

이도백하진

인천(배)→천진(기차)→연길(기차)→천진(배)→인천 : 위의 노선과 비슷하지만 북경 관광을 동반하는 경우에는 한국-북경 사이에서 10여 만 원이 절약되나 시간은 하루가 지체된다.

연길에서 백두산으로 가는 길

연길에서 백두산으로 가는 길은 여러 갈래가 있겠지만 주요한 노선은 네 갈래뿐이다.

연길-용정-서성-화룡-송강-이도백하-백두산 : 백두산으로 가는 가장 짧은 노선이다. 총 길이는 247킬로미터로서 버스로는 7시간, 택시로는 4시간 30분 걸린다. 노면은 연길에서 서성까지는 포장 도로이고 서성에서 백두산 기슭까지는 삼림공업국 도로와 3급 도로이다.

연길-안도-송강-이도백하-백두산 : 총길이는 260킬로미터이다. 버스로 7시간, 택시로는 5시간 걸린다. 연길에서 안도까지는 포장 도로이고 안도에서 이도백하까지는 원도로를 개조하여 다시 길을 닦았는데 길도 넓고 노면도 좋다.

연길-용정-화룡-숭선-적봉-백두산 : 백두산까지 가는 거리가 가장 멀지만 볼 것이 가장 많은 노선이다. 이를테면 청산리, 숭선의 조선족 마을, 국경 관광, 적봉, 원지, 백두산 동쪽 비탈에 있는 경관수직대 등을 볼 수 있다. 노선의 총 길이는 326킬로미터로 버스로는 11시간, 택시로는 6시간 30분 걸린다.

연길-서성-화룡-백두산 : 노선의 거리는 짧지만 복잡한 삼림 공업 국의 도로를 따라가므로 쉽게 길을 잃을 수 있다. 기사가 산길에 익숙하지 못하거나 길을 잘 아는 사람이 아니면 삼가하는 것이 좋다.

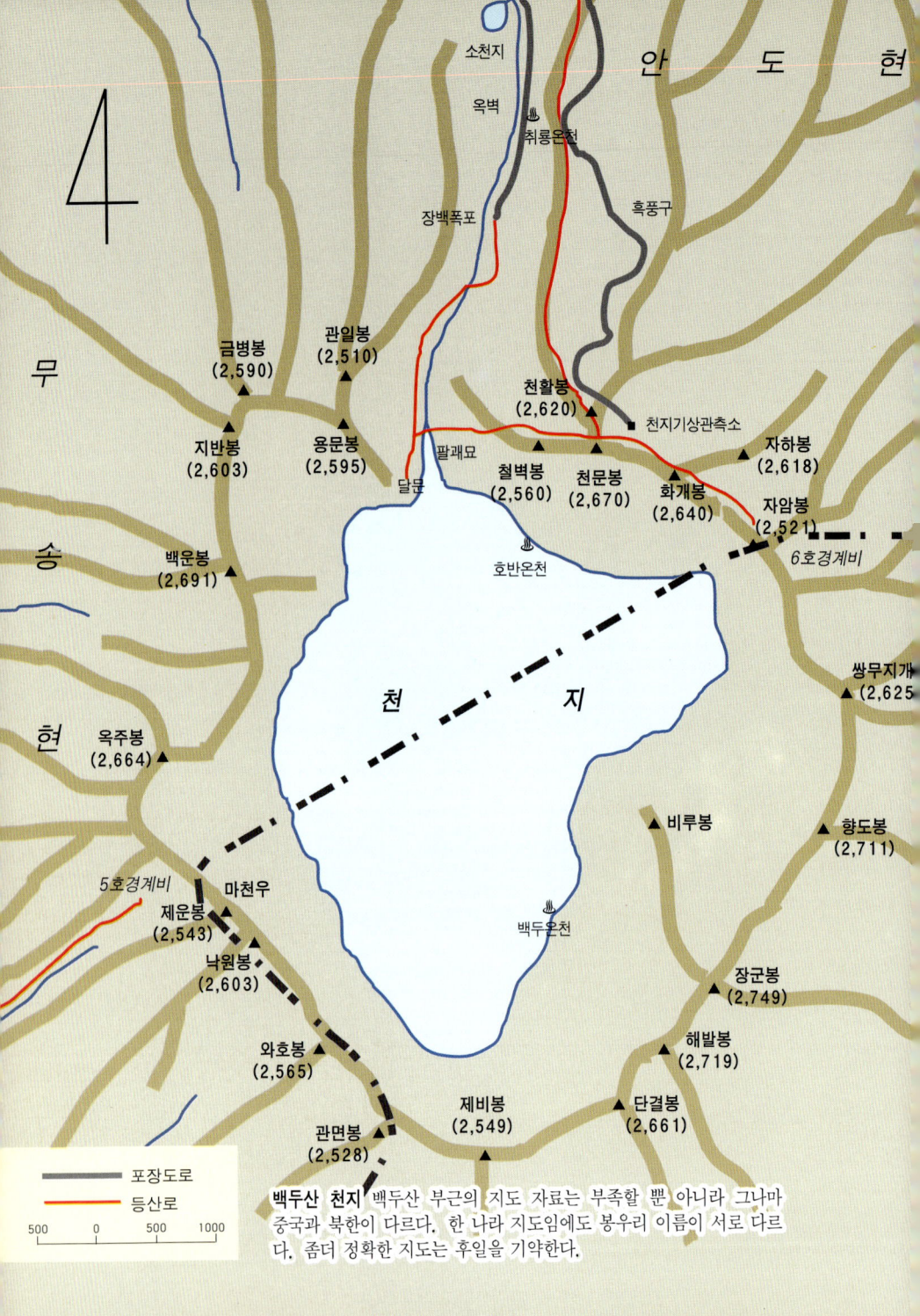

4

소천지

옥벽

취룡온천

무

장백폭포

흑풍구

송

현

금병봉
(2,590)

관일봉
(2,510)

천활봉
(2,620)

천지기상관측소

지반봉
(2,603)

용문봉
(2,595)

팔괘묘

철벽봉
(2,560)

천문봉
(2,670)

화개봉
(2,640)

자하봉
(2,618)

달문

달문

자암봉
(2,521)

6호경계비

백운봉
(2,691)

호반온천

천   지

쌍무지개
(2,625)

옥주봉
(2,664)

비루봉

향도봉
(2,711)

5호경계비

마천우

제운봉
(2,543)

백두온천

낙원봉
(2,603)

장군봉
(2,749)

와호봉
(2,565)

해발봉
(2,719)

제비봉
(2,549)

단결봉
(2,661)

관면봉
(2,528)

포장도로
등산로

500   0   500   1000

백두산 천지 백두산 부근의 지도 자료는 부족할 뿐 아니라 그나마
중국과 북한이 다르다. 한 나라 지도임에도 봉우리 이름이 서로 다르
다. 좀더 정확한 지도는 후일을 기약한다.

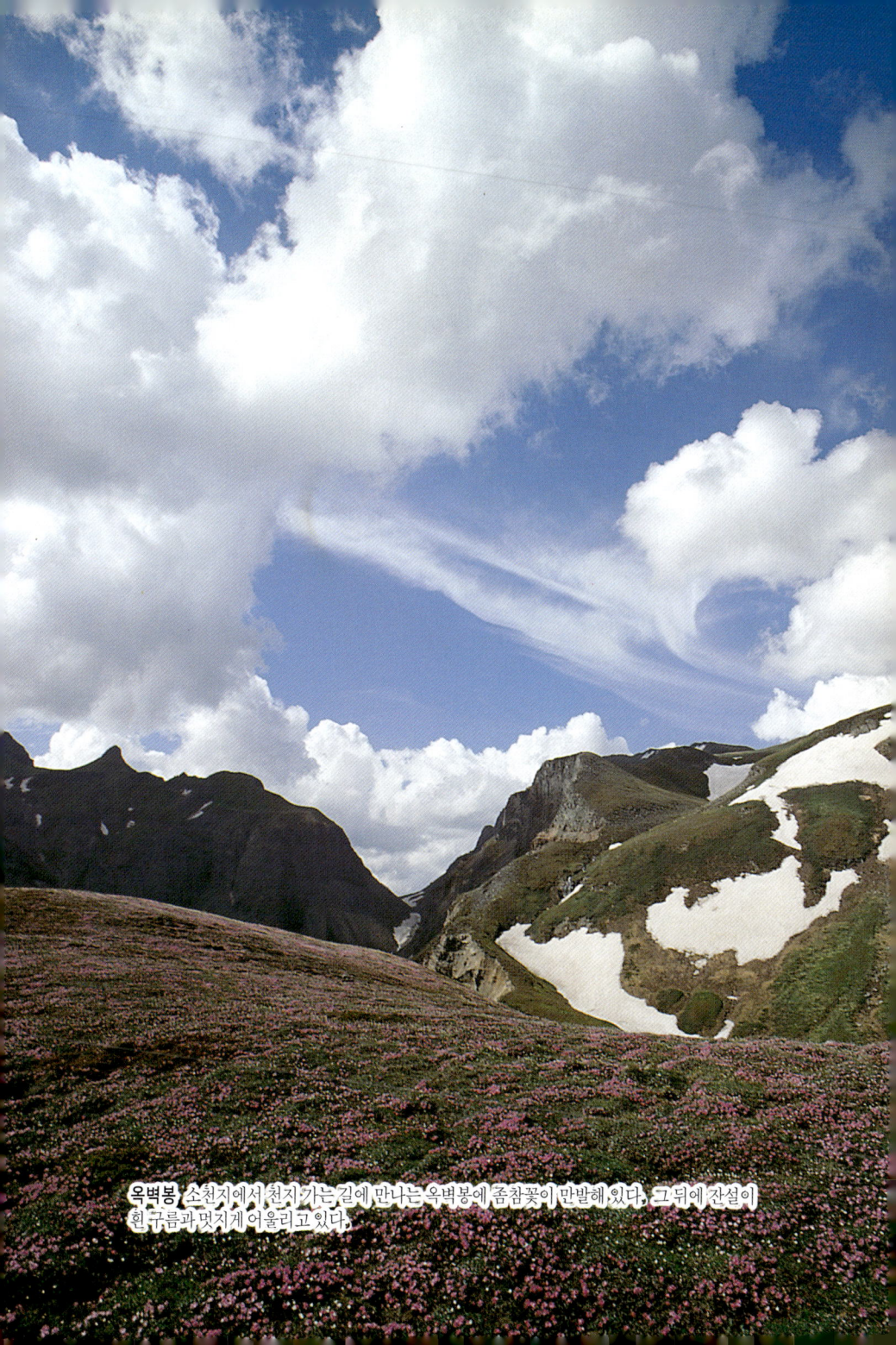

옥벽봉 소천지에서 천지 가는 길에 만나는 옥벽봉에 좀참꽃이 만발해 있다. 그 뒤에 잔설이 흰 구름과 멋지게 어울리고 있다.

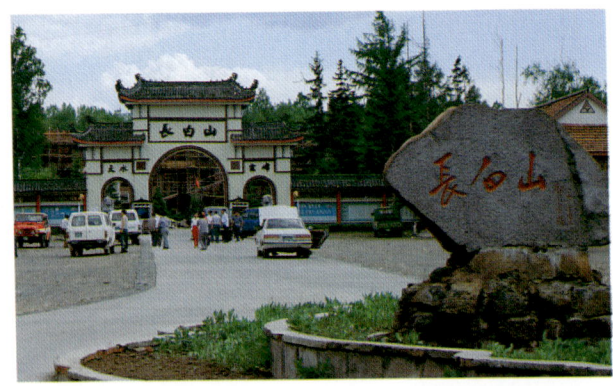

보호국대문

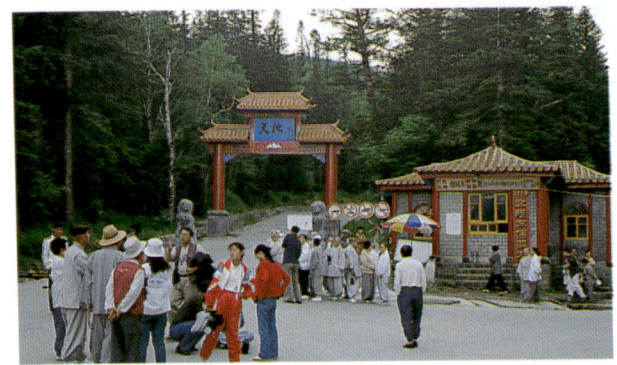

천지대문

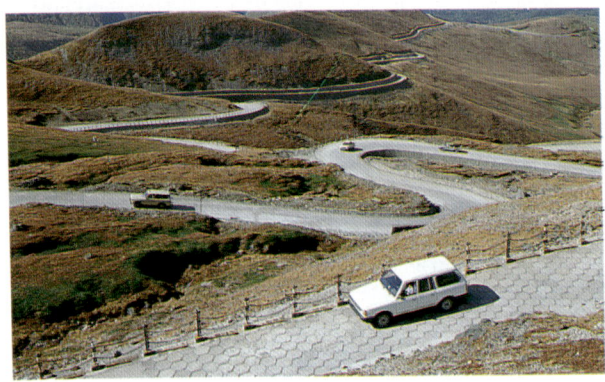

천문봉으로 오르
는 포장 도로

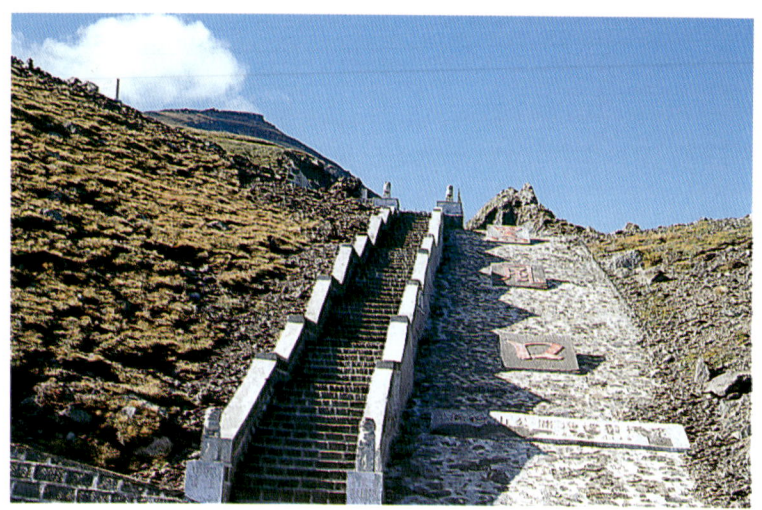

흑풍구에 오르는 계단 백두산의 바람이 모두 이곳을 지난다고 할 정도로 강한 바람이 분다.

천지에 오르는 길

천지에 오르는 길은 네 갈래이다.

첫번째 코스 스케이트장에서 차를 타고 기상소 남쪽에 이른 다음 천문봉에 올라서서 천지와 백두산 전경을 보고 다시 차를 타고 스케이트장에 도착한다. 이 코스는 연로한 사람이나 시간 제한을 받는 사람들이 선택하는 데 왕복 시간이 약 1시간 30분 정도 걸린다. 시간적 여유가 없는 관광객들이 가장 많이 이용하는 코스이다.

두 번째 코스 스케이트장에서 포장 도로를 따라 차로 30분 오르면 천문봉에 이르러 백두산과 천지를 본 다음 북쪽 산등성이를 따라 북쪽을 향해 가다가 천활봉에 이르기 전에 왼쪽으로 가파른 산길을 따라 내려가면 천지에 이른다. 만약 이 코스에서 택시를 이용하면 스케이트장에서 천문봉까지 약 30분 걸리고 그 곳에서 도보로 천지에 가는 데 약 1시간 정도

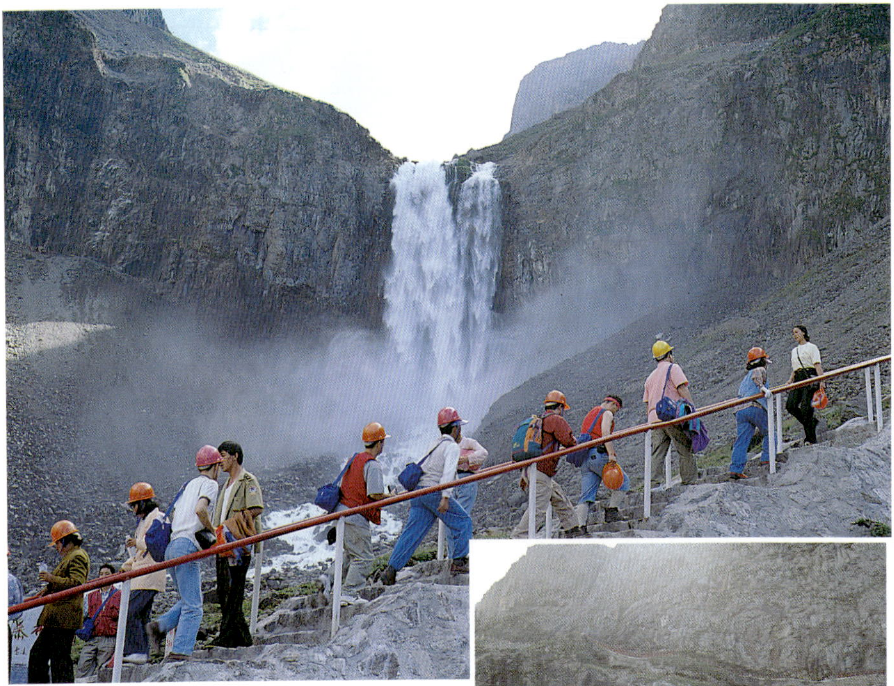

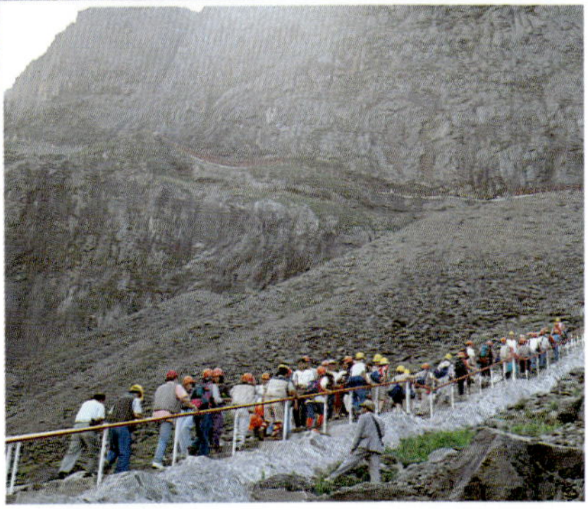

관광객들 뒤로 보이는 장백폭포 가끔 낙석이 있어 안전을 위해 관광객은 안전모를 써야만 한다.(위)

돌계단을 오르고 있는 관광객들 돌계단을 지나 오르면 승사하를 왼쪽에 두고 천지까지 이른다.(오른쪽 위)

승사하를 따라 오르고 있는 관광객들(오른쪽 아래)

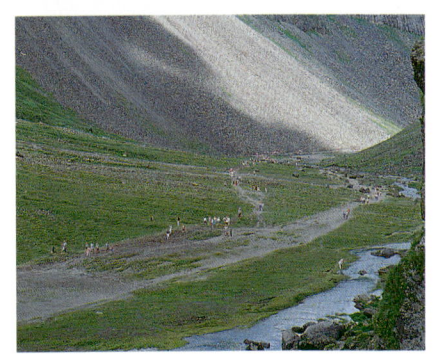

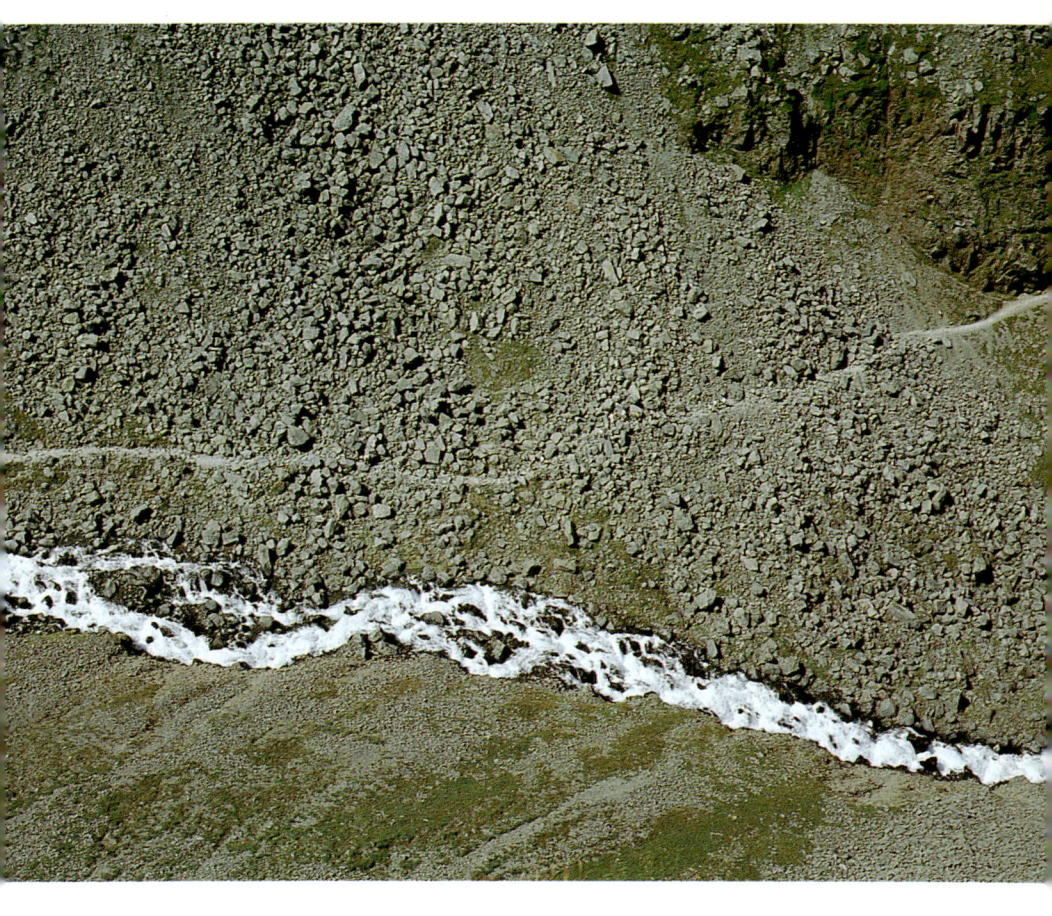

장백폭포에서 승사하를 따라 천지로 가는 길 화산 지형의 거친 모습이 드러나고 승사하를
따라 등산로가 가늘게 보인다.

걸린다. 도보로 등산하려면 모두 4시간 걸린다.

천지를 관광한 다음에는 승사하를 따라 내려오다가 장백폭포 서쪽을 지나고 이도백하를 건너 온천에 이른다. 이 코스는 백두산을 등산하는 가장 좋은 코스이다. 관광할 수 있는 주요 경물로는 침엽 원시림, 산지 사스래나무림대, 산지 태원대, 흑풍구, 장백폭포와 이도백하 계곡 원경, 장백림해, 용암류, 천문봉, 천지 원경과 근경, 종덕사 옛터, 승사하와 장백폭포, 취룡온천 등이다.

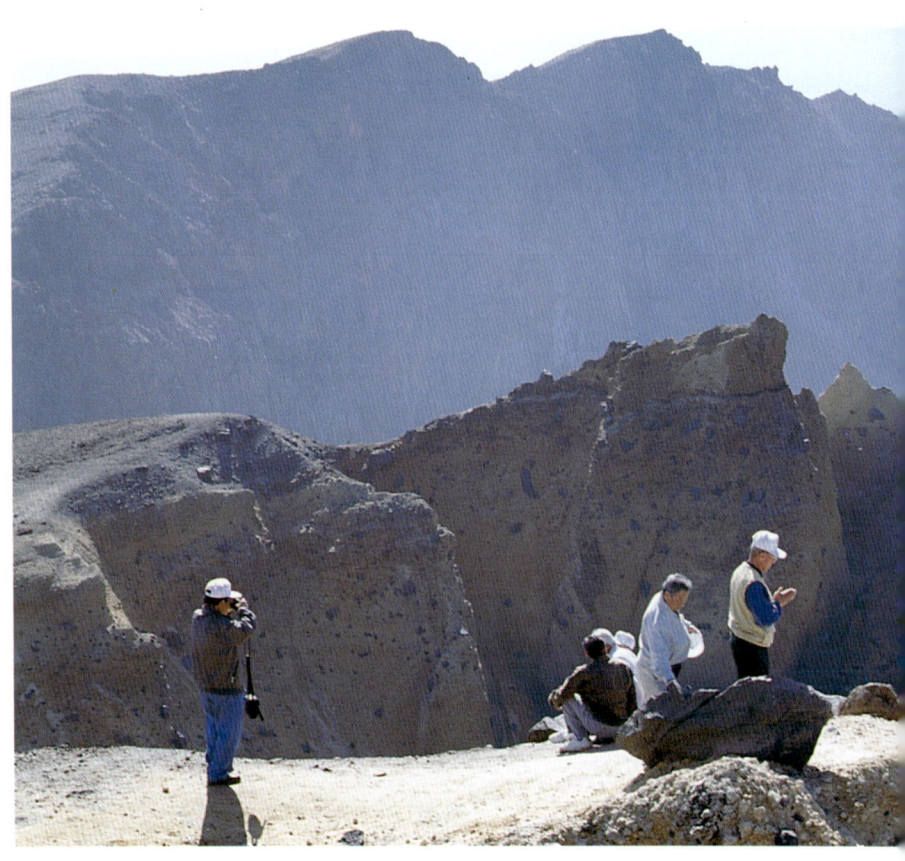

세 번째 코스　　백두산 주차장에서 차를 타고 온천을 지나 이도백하 다리를 건너 옥벽에서 내려온 암석 도석퇴를 돌아 오른 다음 물매가 급한 폭포 서쪽의 암석 계단을 지난 뒤 용문봉 기슭, 승사하를 따라 남으로 가다 가 승사하를 건너 천지 주변에 이른다.

내려올 때는 올라갈 때의 길을 따라 내려오면 된다. 천지에 오르고 내리 는 시간은 약 3시간 정도 걸린다.

천문봉에서 북녘에 기원하는 노인들

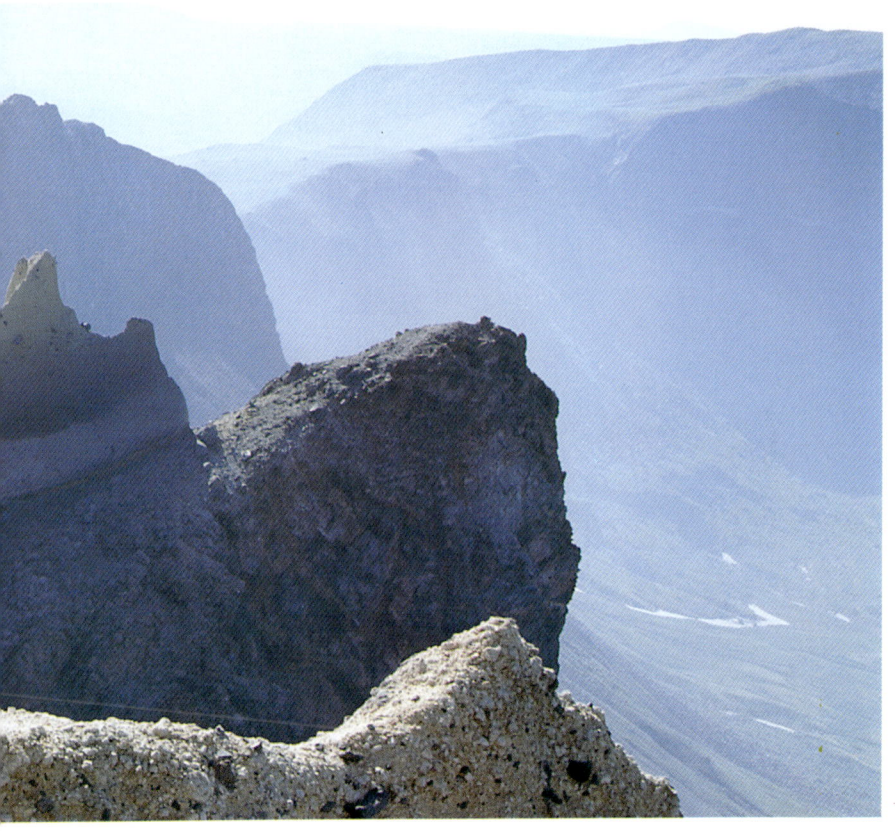

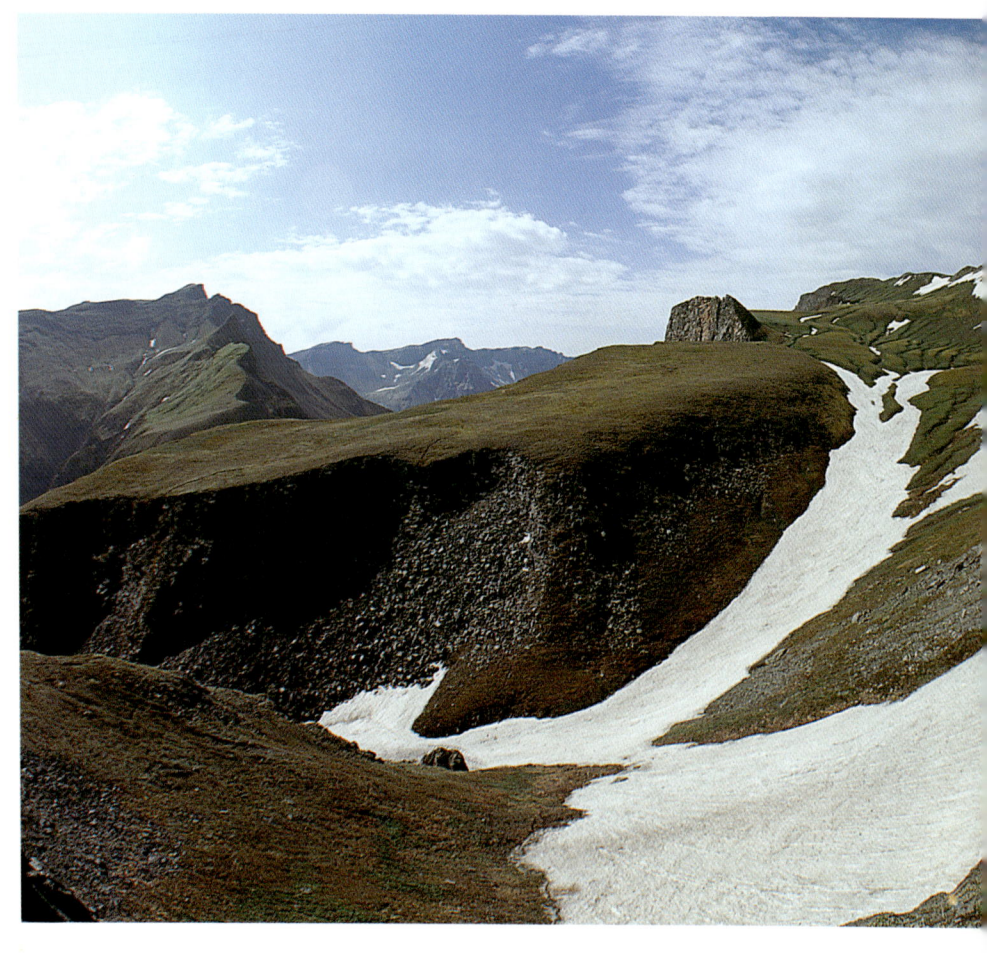

용문봉에서 본 장군봉 제일 끝에 보이는 봉우리가 장군봉이다. 백두산의 최고봉인 장군봉은
북한에 위치해 있어 일반인들은 오를 수 없다.

네 번째 코스 주차장에서 소천지에 이른 다음 계속 서쪽으로 가면 옥벽봉 북쪽 골짜기에 이른다. 골짜기를 따라 올라가면 서쪽에 종덕사 옛 터가 있고 그 곳에서 물매가 강한 곡벽을 돌아 오르면 완만한 경사 지형에 사스래나무림대가 나타난다. 여기에서 남쪽 방향으로 걸어 올라가면 음 류폭포가 있고 계속 남쪽으로 가면 녹제동에 이른다. 녹제동에서 태원대 를 따라 산으로 올라가다가 용문봉 동쪽 기슭을 따라 승사하를 건너 천지 가로 간다. 이 코스는 고정된 길이 없고 경사가 급하여 등산하기 어렵고 천 지가에 내려올 때도 도석퇴를 따라 내려 오게 되므로 보행 속도가 늦다. 이 코스에서는 전형적인 태원대와 주빙하 지형 그리고 녹제동을 볼 수 있다. 내려올 때는 폭포 서쪽을 따라 내려온다. 보행하는 시간은 6, 7시간 걸린 다. 이 코스는 일반 관광객들에게는 어려운 길이고 등산을 잘 하는 사람이 나 자연 경관 조사자들이 주로 가는 코스이다.

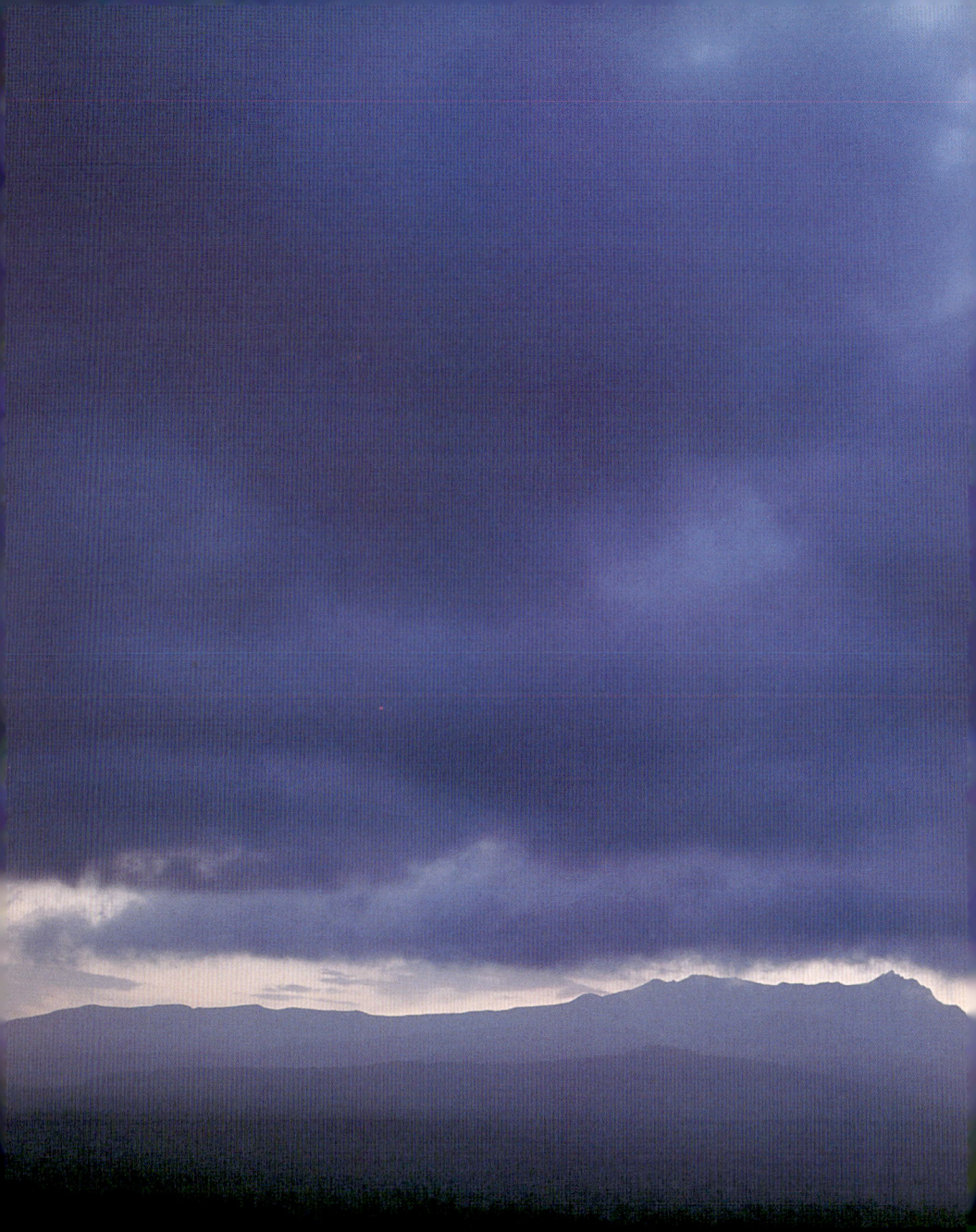

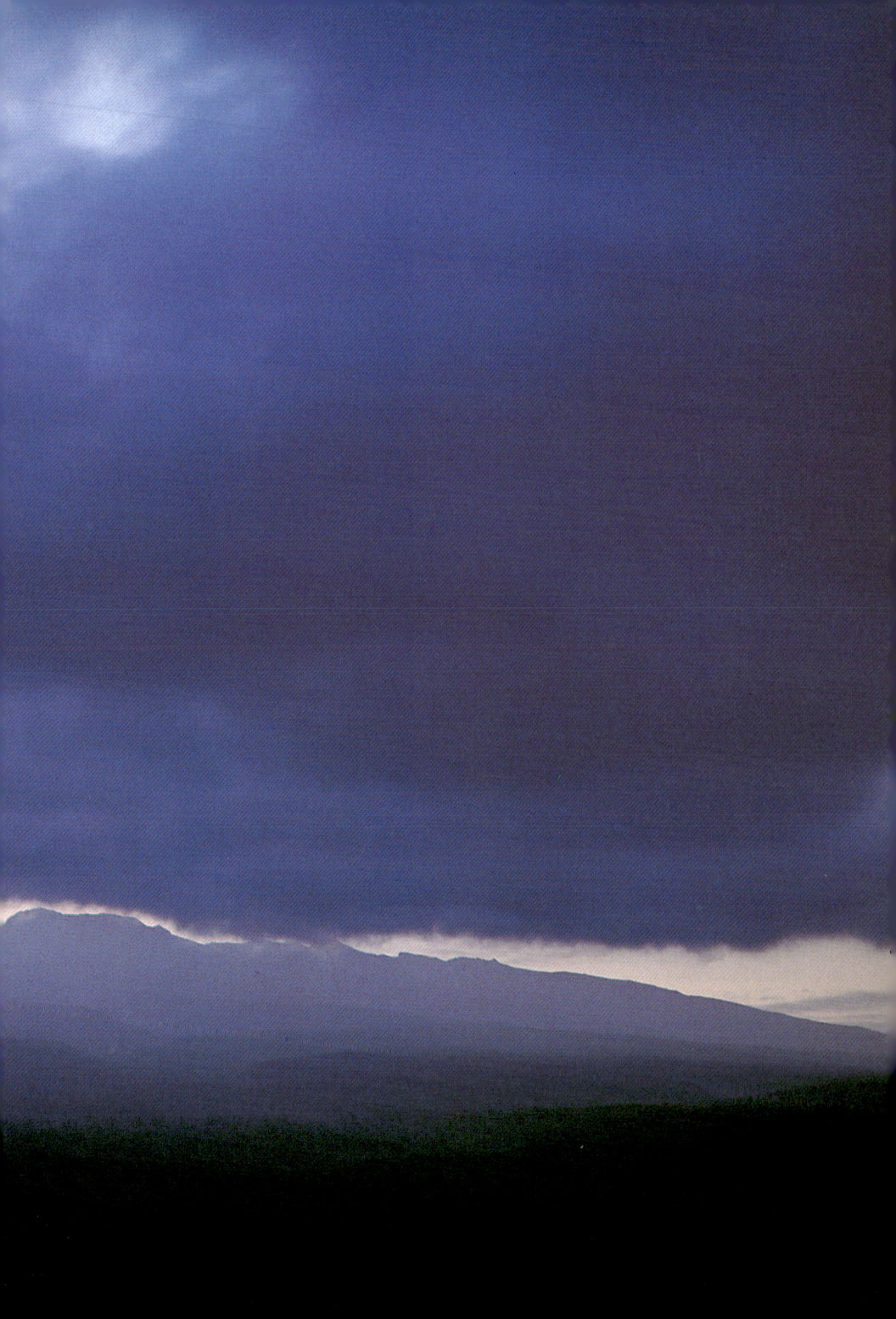

빛깔있는 책들 301-28

백두산

글 　　―심혜숙
사진 　―안승일

발행인 ―장세우
발행처 ―주식회사 대원사

편집 　―김분하, 연인숙, 김옥자,
　　　　　최은희
미술 　―최효섭, 김석철
기획 　―조은정, 김수영
총무 　―이훈, 이규헌, 정광진
영업 　―김기태, 강성철, 이수일,
　　　　　박경이
이사 　―이명훈

첫판 1쇄 ―1997년 1월 31일 발행
첫판 4쇄 ―2004년 10월 30일 발행

주식회사 대원사
우편번호/140-901
서울 용산구 후암동 358-17
전화번호/(02) 757-6717~9
팩시밀리/(02) 775-8043
등록번호/제 3-191호
http://www.daewonsa.co.kr

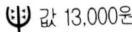 값 13,000원

Daewonsa Publishing Co., Ltd.
Printed in Korea(1997)

ISBN 89-369-0190-7 00980

빛깔있는 책들

민속(분류번호 : 101)

고미술(분류번호 : 102)

불교 문화(분류번호 : 103)

음식 일반(분류번호 : 201)